Coleta e preparo de amostras biológicas
a fase pré-analítica dos exames laboratoriais

ADMINISTRAÇÃO REGIONAL DO SENAC NO ESTADO DE SÃO PAULO

Presidente do Conselho Regional
Abram Szajman

Diretor do Departamento Regional
Luiz Francisco de A. Salgado

Superintendente Universitário e de Desenvolvimento
Luiz Carlos Dourado

EDITORA SENAC SÃO PAULO

Conselho Editorial
Luiz Francisco de A. Salgado
Luiz Carlos Dourado
Darcio Sayad Maia
Lucila Mara Sbrana Sciotti
Luís Américo Tousi Botelho

Gerente/Publisher
Luís Américo Tousi Botelho

Coordenação Editorial
Verônica Pirani de Oliveira

Prospecção
Dolores Crisci Manzano

Administrativo
Marina P. Alves

Comercial
Aldair Novais Pereira

Edição e Preparação de Texto
Karen Daikuzono

Coordenação de Revisão de Texto
Marcelo Nardeli

Revisão de Texto
Raquel Santos de Souza

Coordenação de Arte, Projeto Gráfico e Capa
Antonio Carlos De Angelis

Editoração Eletrônica
Veridiana Freitas

Coordenação de E-books
Rodolfo Santana

Imagens
Adobe Stock

Impressão e Acabamento
Gráfica CS

Proibida a reprodução sem autorização expressa.
Todos os direitos desta edição reservados à

Editora Senac São Paulo
Av. Engenheiro Eusébio Stevaux, 823 – Prédio Editora – Jurubatuba
CEP 04696-000 – São Paulo – SP
Tel. (11) 2187-4450
editora@sp.senac.br
https://www.editorasenacsp.com.br

© Editora Senac São Paulo, 2024

Dados Internacionais de Catalogação na Publicação (CIP)
(Simone M. P. Vieira – CRB 8ª/4771)

Finati, Maísa Pasquotto Giocondo
   Coleta e preparo de amostras biológicas: a fase pré-analítica dos exames laboratoriais / Maísa Pasquotto Giocondo Finati, Luna Ribeiro Zimmermann Dias Cócus Doneda. – São Paulo : Editora Senac São Paulo, 2024.

   Bibliografia.
   ISBN 978-85-396-4756-9 (Impresso/2024)
   e-ISBN 978-85-396-4754-5 (ePub/2024)

   1. Biologia 2. Exames laboratoriais 3. Práticas de laboratório 4. Laboratório de biologia 5. Amostras biológicas 6. Microbiologia I. Título.

24-2079g	CDD – 574
	574.87
	BISAC SCI008000
	SCI093000
	SCI045000

Índice para catálogo sistemático:
1. Biologia 574
2. Biologia : Práticas em laboratório 574.87

Maísa Pasquotto Giocondo Finati

Luna Ribeiro Zimmermann Dias Cócus Doneda

Coleta e preparo de amostras biológicas

a fase pré-analítica dos exames laboratoriais

Editora Senac São Paulo – São Paulo – 2024

Sumário

APRESENTAÇÃO | 7

INTRODUÇÃO AOS EXAMES LABORATORIAIS | 9
    Breve histórico dos exames laboratoriais | 11
    Conhecendo os laboratórios de análises clínicas | 12
    Terminologias, abreviaturas e
        siglas empregadas em exames laboratoriais | 14
    Panorama de mercado em análises clínicas | 16
    Profissionais envolvidos e limites de atuação | 17
    Conhecendo os pedidos de exames laboratoriais | 17
    Arrematando as ideias | 19

BOAS PRÁTICAS DE LABORATÓRIO | 21
    Conhecendo as boas práticas de laboratório | 23
    Legislações sanitárias | 24
    Saúde, higiene, conduta e vestuário | 25
    Utilização de EPIs e EPCs | 26
    Limpeza e descontaminação de ambientes,
        equipamentos, vidrarias e utensílios | 27
    Descarte de resíduos | 29
    Controle de qualidade | 32
    Garantia de qualidade | 33
    Arrematando as ideias | 35

VIDRARIAS, UTENSÍLIOS E EQUIPAMENTOS | 37
    Vidrarias e utensílios | 39
    Equipamentos | 45
    Arrematando as ideias | 55

Coleta de materiais biológicos – sangue | 57

Sangue venoso | 59
Materiais para punção venosa | 60
Regiões/locais para coleta venosa | 63
Técnica para evidenciar a veia (torniquete) | 65
Procedimento de coleta de sangue venoso | 65
Arrematando as ideias | 73

Coleta de materiais biológicos – urina, fezes e líquidos corporais | 75

Urina | 76
Fezes | 82
Fluido seminal | 85
Escarro | 87
Líquido cefalorraquidiano e outros líquidos corpóreos | 87
Arrematando as ideias | 89

Preparo de amostras biológicas | 91

Anticoagulantes | 93
Centrifugação | 96
Separação e aliquotagem de amostras | 97
Transporte de amostras | 98
Critérios para aceitação e rejeição de amostras biológicas | 100
Arrematando as ideias | 103

Referências | 105

Apresentação

A coleta e o preparo de materiais biológicos em análises clínicas são etapas fundamentais para garantir a qualidade e a confiabilidade dos resultados laboratoriais. Essas etapas compõem a fase pré-analítica, que envolve desde a solicitação do exame até a entrega da amostra ao setor analítico. A fase analítica, que aborda os métodos e as técnicas utilizadas para realizar os exames laboratoriais, será tratada em outras obras.

Neste livro, você vai aprender os principais aspectos da fase pré-analítica, como os tipos de materiais biológicos e os recipientes adequados para cada um deles; as técnicas de coleta, manipulação, transporte e armazenamento das amostras; os fatores que podem interferir na qualidade do material coletado (e como evitá-los ou corrigi-los); e as normas de biossegurança e de descarte de resíduos.

O conteúdo é atualizado e se apresenta de maneira didática, com orientações de procedimentos e ilustrações de equipamentos e materiais, para que estudantes e profissionais da área de análises clínicas possam aprimorar seus conhecimentos e habilidades fundamentais para a fase pré-analítica. Esperamos que este livro seja útil e que contribua para o seu aprendizado e para o desenvolvimento do seu trabalho com o rigor e a excelência que as análises clínicas exigem.

CAPÍTULO 1

Introdução aos exames laboratoriais

Você já imaginou como era a saúde das pessoas antes da existência dos exames laboratoriais?

Antes dos exames laboratoriais, a medicina era uma arte de observação e intuição. Os médicos dependiam de sintomas visíveis e relatos de pacientes para diagnosticar doenças. No entanto, muitas condições permaneciam um mistério, escondidas sob a superfície, inacessíveis à vista humana. Com o advento de equipamentos e dos exames laboratoriais, um novo mundo se abriu. De repente, tínhamos uma janela para o corpo humano, permitindo-nos ver o invisível e entender o incompreensível. Esta é a história dos exames laboratoriais – uma jornada de descoberta que transformou a medicina e melhorou inúmeras vidas.

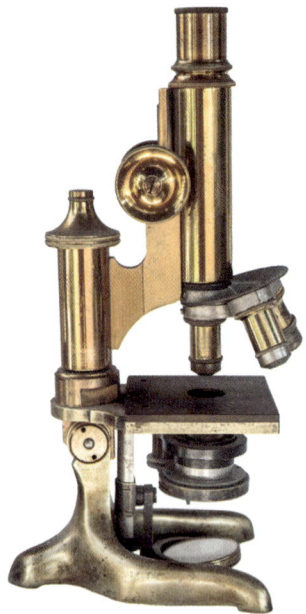

Microscópio óptico monocular da década de 1920.

Neste capítulo, embarcaremos em uma jornada fascinante neste mundo pouco conhecido. Vamos explorar brevemente como os exames laboratoriais evoluíram ao longo do tempo e por que são tão vitais para a medicina moderna. Em seguida, conheceremos os setores e os profissionais de um laboratório de análises clínicas e, por fim, veremos as informações que não devem faltar em um pedido de exames laboratoriais.

BREVE HISTÓRICO DOS EXAMES LABORATORIAIS

Registros históricos contam que a prática da profissão médica era restrita ao exame físico e observação do paciente. A atividade médica consistia na inspeção física e na monitorização do enfermo. Não existiam procedimentos laboratoriais, e essas investigações se restringiam às substâncias que eram naturalmente eliminadas pelo corpo. Presume-se que a urinálise foi o primeiro método de diagnóstico laboratorial. A urinálise realizada por médicos sumérios e babilônicos foi documentada em placas de argila que datam de 4.000 a.C. Já civilizações hindus tinham o conhecimento de que a urina de alguns pacientes apresentava sabor açucarado e atraía formigas (Neufeld, 2022).

No entanto, foi apenas em meados do século XIX que os estudos em química avançaram o suficiente para identificar que a presença de açúcar na urina tratava-se de glicose. No século seguinte, o desenvolvimento e a implementação de novos métodos químicos e enzimáticos foram incorporados às análises clínicas modernas e aos instrumentos de testes point-of-care (Moodley, 2015).

O primeiro aparelho automatizado foi desenvolvido em 1957, destinado a analisar as células do sangue. Nesse aparelho, a luz era utilizada para medir a quantidade de células em pequenas cubetas transparentes. Isso permitiu que muito mais testes fossem realizados ao mesmo tempo e com mais precisão (D'Onofrio, 2021).

Vale observar que o avanço da evolução tecnológica tem sido um fator importante para o avanço dos exames laboratoriais. A robótica e a informática trouxeram uma evolução aos laboratórios clínicos, permitindo um ganho substancial na qualidade dos resultados, um aumento da produtividade e uma diminuição significativa do tempo de atendimento. A maior evolução da tecnologia na medicina laboratorial ocorreu no processo de análise das amostras, etapa que chamamos de analítica. Hoje, consideramos que a maioria dos equipamentos analíticos é automatizada ou parcialmente automatizada (Campana; Oplustil, 2011).

Estrutura atual de laboratórios de análises clínicas.

CONHECENDO OS LABORATÓRIOS DE ANÁLISES CLÍNICAS

Os laboratórios de análises clínicas são locais onde são feitos exames com coleta de material biológico, como sangue, urina, fezes, saliva, esperma, cabelo e líquido cefalorraquidiano (presente no cérebro e na coluna vertebral). Esses exames ajudam os médicos a diagnosticar doenças e monitorar o tratamento dos pacientes.

No entanto, o fluxo de funcionamento de um laboratório dependerá do porte desse estabelecimento e dos exames oferecidos ao público. De modo geral, os setores existentes são:

- Atendimento: o atendimento tem início na recepção, pois é neste setor que ocorre o acolhimento dos pacientes. Os colaboradores que trabalham aqui têm uma grande responsabilidade, já que muitas vezes os pacientes estão ansiosos ou preocupados com a realização de exames.

- Coleta: o setor de coleta em laboratórios de análises clínicas é responsável pela obtenção de amostras biológicas que podem incluir sangue, urina, fezes, saliva, esperma, cabelo e líquido cefalorraquidiano. A coleta dessas amostras é geralmente realizada no próprio laboratório. No entanto, alguns laboratórios oferecem o serviço de coleta em domicílio ou em hospitais para pacientes internados. Após a coleta, o material é armazenado adequadamente e identificado pelo profissional do laboratório antes de ser encaminhado para o setor de análise correspondente.

- Processamento de amostras: após a coleta, o profissional habilitado pelo laboratório armazena adequadamente o material com a devida identificação. Depois, as amostras são direcionadas para o setor de análise responsável.

- Setor bioquímico: analisa os processos metabólicos. São realizados exames como glicose, colesterol, triglicerídeos, proteínas, enzimas, entre outros.

- Setor hematológico: responsável pela avaliação do sangue, realiza exames como o hemograma, que avalia as células do sangue (hemácias, leucócitos e plaquetas).

- Setor imunológico: onde são realizados exames para detectar a presença de doenças do sistema imune, como doença celíaca, e patologias relacionadas a infecções, como rubéola, toxoplasmose e dengue, que causam alterações no sistema imune.

- Setor de urinálise: analisa a urina para sinalizar a presença de doenças que podem não causar sintomas. Basicamente, analisam os aspectos físicos e químicos da urina, bem como os sedimentos por meio da microscopia.

- Setor de parasitologia: responsável por realizar exames parasitológicos de fezes para o diagnóstico de enteroparasitoses, pesquisa de parasitas sanguíneos para o diagnóstico de doenças como a malária e pesquisa de parasitas teciduais como os que causam a leishmaniose.

- Setor de microbiologia: são analisadas as amostras em busca de crescimento de microrganismos, como bactérias e fungos, que podem ser causadores de patologias nos seres humanos. As doenças causadas por microrganismos podem ser infecções urinárias, de pele, de trato respiratório, etc.

- Setores administrativos: são responsáveis pelo planejamento, organização e gerenciamento do laboratório e contemplam estruturas como salas de reuniões, escritórios, informática, etc.

- Controle de qualidade: desempenha um papel crucial para garantir a precisão e confiabilidade dos resultados dos testes. Esse setor é responsável por implementar e monitorar procedimentos que garantem que cada teste realizado atenda a padrões rigorosos de qualidade. Isso envolve a verificação regular do desempenho dos equipamentos, a calibração precisa dos instrumentos e a validação dos métodos de teste. Além disso, o controle de qualidade também inclui o monitoramento da competência do pessoal do laboratório e a revisão contínua dos procedimentos do laboratório para identificar e corrigir quaisquer problemas potenciais.

Como todos os estabelecimentos que prestam serviços para a saúde, os laboratórios de análises clínicas são regulamentados pela legislação vigente da vigilância sanitária em âmbito municipal e devem atender às especificações técnicas de acordo com as regulamentações do órgão competente nacional, a Agência Nacional de Vigilância Sanitária (Anvisa).

TERMINOLOGIAS, ABREVIATURAS E SIGLAS EMPREGADAS EM EXAMES LABORATORIAIS

Os laboratórios de análises clínicas utilizam uma ampla variedade de terminologias, abreviaturas e siglas para representar exames, parâmetros laboratoriais, hormônios, enzimas, doenças e condições médicas. Essas abreviaturas são usadas para tornar a comunicação mais rápida e eficiente entre os profissionais de saúde. A seguir, apresentamos alguns exemplos desses casos:

- Doenças e condições médicas, como Aids (síndrome da imunodeficiência adquirida) e DPOC (doença pulmonar obstrutiva crônica).
- Procedimentos médicos, como ECG (eletrocardiograma) e EEG (eletroencefalograma).
- Exames laboratoriais, como TGO (trànsaminase glutâmico-oxalacética), TGP (transaminase glutâmico-pirúvica), FA (fosfatase alcalina) e GGT (gama-glutamil transferase).
- Parâmetros laboratoriais, como Ht (hematócrito) e Hb (hemoglobina).
- Hormônios e enzimas, como ACTH (hormônio adrenocorticotrófico), ADH (hormônio antidiurético), ALT (enzima alanina aminotransferase, anteriormente conhecida como TGP) e AST (enzima aspartato aminotransferase, anteriormente conhecida como TGO).

As siglas utilizadas em exames laboratoriais podem ser bastante confusas, pois muitas delas têm múltiplos significados. Por exemplo, a sigla PCR pode se referir tanto à reação em cadeia da polimerase (do inglês, *polymerase chain reaction*), um método usado para amplificar segmentos de DNA, quanto à proteína C-reativa, um marcador de inflamação no corpo. Portanto é imprescindível usar essas abreviaturas com cautela e sempre verificar o contexto para evitar mal-entendidos. É sempre importante lembrar que a comunicação clara e precisa é fundamental no ambiente de trabalho.

As siglas devem ser preferencialmente padronizadas por meio de procedimentos operacionais padrão (POP) ou, conforme alguns hospitais e instituições médicas, de acordo com manuais de abreviaturas padronizadas que devem ser utilizadas pelos profissionais da instituição. Isso ajuda a evitar erros de comunicação e garante que os pedidos e resultados dos exames sejam interpretados corretamente.

PANORAMA DE MERCADO EM ANÁLISES CLÍNICAS

O mercado de análises clínicas está em constante expansão, o que aumenta a concorrência e a exigência por inovação e prestação de melhores serviços aos clientes. Nesse contexto, o técnico em análises clínicas desempenha um papel fundamental, sendo responsável por apoiar o farmacêutico e o biomédico nas fases pré-analítica e analítica, realizar atendimento, registros e coleta e processamento de amostras biológicas com fins diagnósticos.

Esse profissional precisa contar com conhecimentos técnico-científicos para garantir resultados fidedignos e de alta confiabilidade. Além disso, é importante que os profissionais sigam métodos específicos baseados em regras de segurança que envolvem tanto o indivíduo quanto o material coletado, evitando riscos para sua própria saúde e a contaminação das amostras.

A tecnologia tem impactado significativamente o setor de exames em laboratórios de análises clínicas. Com o avanço da tecnologia, os laboratórios têm se tornado cada vez mais digitalizados e automatizados, o que tem permitido a realização de testes mais eficientes, rápidos e precisos.

A inteligência artificial (IA) é uma das tecnologias que tem sido amplamente utilizada no setor de análises clínicas. A IA pode ser usada para auxiliar no diagnóstico, revisão do perfil de risco dos pacientes, análise de resultados laboratoriais e análise financeira. No entanto, ainda existem desafios associados à implementação da IA, como altos custos de investimento, falta de benefícios clínicos comprovados e preocupações com a privacidade dos envolvidos.

Além disso, a tecnologia da informação (TI) tem revolucionado a transferência de dados, diminuindo o tempo necessário para solicitar e receber resultados de testes e criando oportunidades para pesquisas em grandes conjuntos de dados. Muitos acreditam que a tecnologia de laboratório clínico desempenhará um papel ainda mais importante na entrega futura de cuidados de saúde.

PROFISSIONAIS ENVOLVIDOS E LIMITES DE ATUAÇÃO

Um laboratório de análises clínicas é uma empresa que conta com uma equipe técnica multidisciplinar. Entre os profissionais envolvidos na rotina e funcionamento das atividades do laboratório, podem estar: patologistas clínicos, biomédicos, engenheiros clínicos, biólogos, bioquímicos, farmacêuticos, médicos e veterinários, a depender do tipo de análises oferecida pela instituição.

Além desses profissionais, existem outros cargos importantes para o funcionamento do laboratório, como o técnico em análises clínicas, que é responsável pela coleta dos materiais biológicos que vão para análise. Esse profissional atua em diversas etapas, como atendimento, coleta e "backoffice" das análises, e garante, sob supervisão do farmacêutico, biomédico ou biólogo, que tudo esteja em ordem.

O diretor técnico é responsável por toda a área técnica do laboratório e deve ser habilitado como farmacêutico generalista ou farmacêutico bioquímico, biomédico ou biólogo.

Cada um desses profissionais tem seus próprios limites de atuação, definidos por suas respectivas entidades reguladoras. É importante que esses profissionais sigam as regras e regulamentos estabelecidos para garantir a segurança e o bem-estar dos pacientes.

CONHECENDO OS PEDIDOS DE EXAMES LABORATORIAIS

Nos laboratórios de análises clínicas, a presença de informações obrigatórias nos pedidos de exames é crucial para garantir a precisão e a eficácia dos resultados dos exames. O pedido médico, que é um documento legal, deve conter o nome do médico solicitante do exame, assim como seu número de CRM. Além disso, o nome do estabelecimento de saúde e informações como endereço, telefone e e-mail também são necessários. Essas informações são vitais para garantir que os resultados dos exames sejam disponibilizados para o solicitante correto.

Além disso, é importante o envio de dados clínicos e hipótese diagnóstica preenchendo o pedido dos exames. Essas informações adicionais ajudam o laboratório a entender melhor o contexto clínico do paciente e a interpretar corretamente os resultados dos exames.

Figura 1.1 – Exemplo de pedido de exames laboratoriais

Pedido de exames laboratoriais

Paciente: [NOME DO PACIENTE]
Data de nascimento: [DATA DE NASCIMENTO DO PACIENTE]
Sexo: [SEXO DO PACIENTE]
Médico solicitante: [NOME DO MÉDICO]
CRM: [NÚMERO DO CRM DO MÉDICO]
Estabelecimento de saúde: [NOME DO ESTABELECIMENTO DE SAÚDE]
Endereço: [ENDEREÇO DO ESTABELECIMENTO DE SAÚDE]
Telefone: [TELEFONE DO ESTABELECIMENTO DE SAÚDE]
E-mail: [ENDEREÇO DE E-MAIL DO ESTABELECIMENTO DE SAÚDE]

Exames solicitados:
– [NOME DO EXAME 1]
– [NOME DO EXAME 2]
– [NOME DO EXAME 3]
...

Observações:
[OBSERVAÇÕES ADICIONAIS, SE HOUVER]

Assinatura do médico: _____
Data: [DATA DA SOLICITAÇÃO]

O pedido de exames para um laboratório de análises clínicas deve conter todas as informações obrigatórias. Além disso, é importante que todas essas informações estejam completas e corretas para não comprometer os resultados dos exames.

ARREMATANDO AS IDEIAS

Neste capítulo, conhecemos um pouco sobre os primeiros registros de exames laboratoriais. Quando falamos em exames laboratoriais, pensamos em testes realizados em diferentes amostras biológicas, como sangue, urina, fezes e outros fluidos corporais. Esses testes têm a finalidade de apoiar os diagnósticos médicos e acompanhar os desfechos clínicos e tratamentos.

Vimos também que o mercado de análises clínicas está crescendo, o que aumenta a concorrência e a necessidade de inovação. A tecnologia, incluindo a inteligência artificial (IA) e a tecnologia da informação (TI), tem impactado significativamente o setor, permitindo testes mais eficientes e rápidos, embora ainda existam desafios associados à implementação da IA.

Um laboratório de análises clínicas é composto por diversos setores, como atendimento, coleta, processamento de amostras, controle de qualidade e administrativo, e por uma equipe multidisciplinar, incluindo patologistas clínicos, biomédicos, engenheiros clínicos, biólogos, bioquímicos, farmacêuticos, médicos e veterinários. Além desses profissionais, temos ainda o técnico em análises clínicas, que apoia o farmacêutico, biólogo ou biomédico e é o responsável pelo atendimento, registros e coleta de materiais biológicos; e o diretor técnico, que supervisiona toda a área técnica do laboratório. Cada profissional tem limites de atuação definidos por entidades reguladoras e deve seguir regras e regulamentos para garantir a segurança dos pacientes. Da mesma maneira, os pedidos de exames feitos pelos médicos também devem seguir certos padrões, como apresentar corretamente todas as informações essenciais para assegurar a precisão e a eficácia dos resultados dos exames solicitados.

CAPÍTULO 2

Boas práticas de laboratório

Imagine um mundo em que a precisão é a chave, que cada detalhe importa e que a saúde e a segurança são de suma importância. Este é o mundo das boas práticas de laboratório (BPL). Aqui, seguimos rigorosas legislações sanitárias para garantir que cada procedimento seja realizado com o mais alto padrão de qualidade. A saúde, a higiene, o vestuário e a conduta dos profissionais são meticulosamente monitorados para evitar qualquer contaminação.

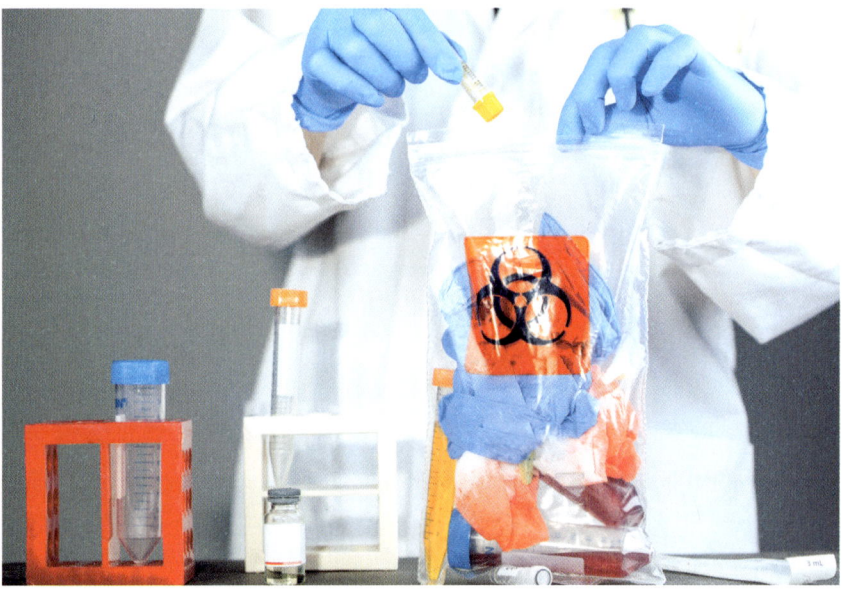

Descarte de resíduos com possível presença de agentes biológicos que podem apresentar risco de infecção.

A utilização adequada de equipamentos de proteção individual (EPIs) e de equipamentos de proteção coletiva (EPCs) é fundamental para garantir a segurança de todos no laboratório. Cada peça de equipamento é cuidadosamente selecionada e usada para proteger contra riscos específicos.

A limpeza e descontaminação de ambientes, equipamentos, vidrarias e utensílios são realizadas com rigor para garantir um ambiente de trabalho seguro e eficiente; e o descarte adequado de resíduos é feito para evitar qualquer risco ambiental ou de saúde.

O controle e a garantia de qualidade são os pilares das BPL. Cada teste, cada procedimento é verificado e validado para garantir resultados precisos e confiáveis. Junte-se a nós nesta jornada pelo mundo das boas práticas de laboratório.

CONHECENDO AS BOAS PRÁTICAS DE LABORATÓRIO

A biossegurança é um conjunto de medidas que previnem riscos inerentes às atividades laboratoriais que possam comprometer a saúde dos profissionais e dos pacientes ou impactar de maneira negativa o meio ambiente. Ela representa uma série de ações e cuidados, de modo a garantir a proteção necessária aos envolvidos. No ambiente laboratorial, os profissionais precisam tomar alguns cuidados específicos, como manter os cabelos presos, evitar o uso de acessórios, como brincos e anéis, e estar sempre com os devidos EPIs. A limpeza e a higienização do local precisam ser constantes. O manejo das amostras e dos equipamentos deve seguir padrões preestabelecidos para evitar contaminações, tanto da amostra quanto do próprio funcionário.

Nos laboratórios de análises clínicas, a biossegurança é uma questão importante que vai além do cumprimento de obrigações legais. Trata-se de medidas que visam proporcionar mais segurança e proteger profissionais, pacientes e meio ambiente. O controle da biossegurança em laboratórios de análises clínicas é um assunto sério e deve ser tratado com a devida atenção.

Regulado pela Agência Nacional de Vigilância Sanitária (Anvisa), órgão federal responsável por estabelecer e fiscalizar as normas de biossegurança em laboratórios de análises clínicas, o primeiro passo para ter um estabelecimento em dia com suas obrigações legais é entendê-las melhor. Existem também guias e manuais elaborados por outras instituições que fornecem informações detalhadas sobre boas práticas laboratoriais e medidas de biossegurança.

LEGISLAÇÕES SANITÁRIAS

As legislações sanitárias no Brasil têm estabelecidos os requisitos técnico-sanitários para o funcionamento de laboratórios clínicos, laboratórios de anatomia patológica e outros serviços relacionados a exames de análises clínicas no Brasil.

O primeiro passo para ter um estabelecimento de saúde em dia com suas obrigações legais é entendê-las melhor. Além disso, existem também guias e manuais elaborados por outras instituições que fornecem informações detalhadas sobre boas práticas laboratoriais e medidas de biossegurança.

A legislação sanitária vigente para laboratórios de análises clínicas no Brasil é a Resolução da Diretoria Colegiada (RDC) n. 786/2023. Essa resolução estabelece os requisitos técnico-sanitários para o funcionamento de laboratórios clínicos, laboratórios de anatomia patológica e outros serviços relacionados a exames de análises clínicas no Brasil. A resolução foi aprovada pela Diretoria Colegiada da Agência Nacional de Vigilância Sanitária (Anvisa) em 10 de maio de 2023. As novas regras entraram em vigor em 1º de agosto de 2023.

A abrangência dessa resolução inclui não apenas laboratórios clínicos, mas também laboratórios anatomopatológicos (aqueles que realizam exames com tecidos humanos) e de toxicologia, abordando ainda aspectos da gestão e controle da qualidade e da gestão de riscos. São permitidos também testes de triagem em farmácias e consultórios isolados, os chamados testes rápidos.

Além da RDC n. 786/2023, ainda estão em vigor no Brasil:

- RDC n. 50/2002: responsável pela aprovação do regulamento técnico destinado ao planejamento, programação, elaboração, avaliação e aprovação de projetos físicos de estabelecimentos assistenciais de saúde.

- RDC n. 302/2005: regulamento técnico para funcionamento de laboratórios clínicos.

- NR-32/2005: esta norma propõe respostas coerentes para as problemáticas e riscos apresentados nos ambientes clínicos e hospitalares. Entre esses riscos, estão as lesões físicas, incidentes relacionados a produtos químicos ou substâncias que podem gerar danos biológicos.

IMPORTANTE

Lembre-se que as legislações podem sofrer alterações e atualizações, um profissional de laboratório de análises clínicas deve assegurar-se de estar seguindo as normas mais atuais e em vigor. Procure sempre estar a par das legislações mais recentes.

SAÚDE, HIGIENE, CONDUTA E VESTUÁRIO

A saúde do trabalhador em laboratórios de análises clínicas é de suma importância e é protegida por regulamentações como a Norma Regulamentadora n. 32 (Brasil, 2005b) e a Resolução da Diretoria Colegiada n. 786 (Brasil, 2023). Essas normas estabelecem diretrizes para garantir um ambiente de trabalho seguro e saudável para os colaboradores e pacientes. Dentro desse escopo, a higiene é um aspecto crucial na manutenção da saúde dos trabalhadores, e as práticas adequadas de higiene pessoal, como lavagem correta das mãos e uso de desinfetantes, são práticas racionais de combate à contaminação. Além disso, os laboratórios devem garantir um ambiente limpo para minimizar o risco de contaminação.

A conduta profissional também desempenha um papel importante na manutenção da saúde dos trabalhadores. Isso inclui a formação contínua e a conscientização sobre as práticas seguras no local de trabalho. A comunicação eficaz entre os membros da equipe é essencial para garantir um ambiente de trabalho seguro.

O vestuário adequado, incluindo o uso de equipamentos de proteção individual (EPIs), é essencial para proteger os trabalhadores de possíveis riscos.

Isso inclui o uso de luvas, máscaras e jalecos, que devem ser usados conforme as diretrizes estabelecidas pelas normas.

UTILIZAÇÃO DE EPIs E EPCs

Os trabalhadores da saúde, incluindo aqueles que atuam em laboratórios de análises clínicas, devem seguir as diretrizes estabelecidas pela Norma Regulamentadora n. 32 (NR-32) e pela RDC n. 786/2023 para garantir sua segurança e saúde no ambiente de trabalho.

Os equipamentos de proteção individual (EPIs) são dispositivos ou produtos de uso individual utilizados pelo trabalhador e têm o objetivo de protegê-lo contra riscos capazes de ameaçar a sua segurança e saúde. O uso desses equipamentos é uma camada complementar de proteção ao trabalhador, em adição às demais medidas que mitigam os riscos do ambiente em que se desenvolve a atividade. Os tipos de EPIs podem variar de acordo com o tipo de atividade ou de riscos que poderão ameaçar a segurança e a saúde do trabalhador.

Os principais EPIs utilizados em laboratórios são as luvas, a máscara cirúrgica, o gorro e os óculos (figura 2.1).

Figura 2.1 – (a) Luvas de procedimento descartáveis; (b) máscara cirúrgica tripla descartável; e (c) gorro e óculos de proteção

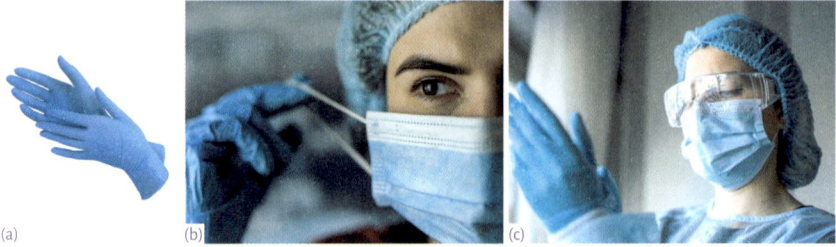

Já os equipamentos de proteção coletiva (EPCs) são utilizados no ambiente de trabalho e têm com o objetivo proteger os trabalhadores dos riscos inerentes aos processos. Alguns exemplos de EPCs são o enclausuramento acústico de fontes de ruído, a ventilação dos locais de trabalho, a sinalização de segurança e a proteção de partes móveis de máquinas e equipamentos.

Em laboratórios, os EPCs mais utilizados são a capela de fluxo laminar (utilizada para manusear materiais biológicos potencialmente infectantes) e os itens de segurança extintor de incêndio e chuveiro de emergência (figura 2.2).

Figura 2.2 – Chuveiro de emergência com lava-olhos

Para o funcionamento do laboratório em conformidade com a legislação vigente, deve-se obter o Auto de Vistoria do Corpo de Bombeiros (AVCB), que é emitido pelo órgão competente após vistoria.

LIMPEZA E DESCONTAMINAÇÃO DE AMBIENTES, EQUIPAMENTOS, VIDRARIAS E UTENSÍLIOS

A limpeza e descontaminação de ambientes, equipamentos, vidrarias e utensílios em laboratórios de análises clínicas e outros estabelecimentos de saúde é uma prática essencial para garantir a segurança e a eficácia dos procedimentos realizados.

A Anvisa preconiza que a limpeza e desinfecção de superfícies e equipamentos que foram expostos a agentes contaminantes é um procedimento-padrão em infraestruturas e meios de transporte potencialmente contaminados por agente biológico.

Os procedimentos de limpeza e descontaminação envolvem a remoção física de sujeira e matéria orgânica, seguida pela aplicação de agentes desinfetantes para eliminar microrganismos patogênicos. A desinfecção é realizada após a limpeza para garantir que qualquer matéria orgânica que possa interferir na eficácia do desinfetante seja removida.

A gestão adequada de resíduos sólidos e efluentes sanitários também é uma parte importante do processo. Isso envolve o descarte seguro e eficaz de resíduos potencialmente contaminados para prevenir a propagação de doenças.

É importante notar que as empresas responsáveis pela limpeza e gerenciamento de resíduos sólidos e efluentes sanitários devem manter os procedimentos operacionais padronizados (POPs), incluindo uso de EPI, descritos, atualizados e acessíveis. Além disso, somente devem usar desinfetantes para descontaminação de superfícies e utensílios aprovados pelas diretrizes da Anvisa. O laboratório também deve ter POPs que padronizem os processos de limpeza e desinfecção do ambiente.

SUGESTÃO PARA SE APROFUNDAR

Para mais detalhes sobre esse assunto, recomendamos a leitura da obra *Segurança do paciente em serviços de saúde: limpeza e desinfecção de superfícies* (Anvisa, 2010).

DESCARTE DE RESÍDUOS

O descarte de resíduos em laboratórios de análises clínicas é uma questão crítica que requer atenção especial, pois envolve a segurança dos profissionais de saúde, a precisão dos resultados dos testes e a proteção do meio ambiente.

Os resíduos gerados em laboratórios de análises clínicas são classificados como perigosos e não perigosos, e incluem embalagens, seringas, restos de amostras e reagentes. Mesmo quando não oferecem risco à saúde da população, os resíduos gerados não podem ser descartados em lixos comuns ou enviados para aterros sanitários. O processo de descarte desses resíduos deve envolver etapas como: segregação, acondicionamento, identificação, transporte interno, armazenamento temporário, armazenamento externo, coleta e transporte externos e disposição final. E cada uma dessas etapas deve ser realizada de acordo com as normas técnicas e regulamentações sanitárias municipal vigentes.

A segregação dos resíduos é feita no momento e local em que são gerados, com base em suas características físicas, químicas, biológicas, estado físico e risco à saúde humana e ao meio ambiente. Após a segregação, os resíduos são acondicionados em recipientes específicos para evitar ruptura, vazamento e contaminação.

De acordo com a atual legislação brasileira para manejo de resíduos sólidos, a RDC n. 222 (Brasil, 2018), os resíduos podem ser agrupados por tipos e assim classificados para o seu correto destino:

- Grupo A: resíduos com a possível presença de agentes biológicos que, por suas características de maior virulência ou concentração, podem apresentar risco de infecção. Os resíduos deste grupo subdividem-se em A1, A2, A3, A4 e A5, são classificados de acordo com o risco que oferecem à saúde do trabalhador e ao meio ambiente e devem ser identificados com o símbolo "infectante" em sacos plásticos de cor branca (figura 2.3).

Figura 2.3 – Saco de lixo para substâncias infectantes

- Grupo B: resíduos com substâncias químicas que podem apresentar risco à saúde pública ou ao meio ambiente, dependendo de suas características de inflamabilidade, corrosividade, reatividade e toxicidade. Esses resíduos devem ser acondicionados em recipientes identificados com o símbolo de resíduo químico (figura 2.4).

Figura 2.4 – Símbolo para resíduos químicos

- Grupo C: resíduos radioativos, como aqueles envolvidos em revelação de radiografias, dos setores de radioterapia e alguns reagentes utilizados em biologia molecular, acondicionados em recipiente rígido e com símbolo de resíduo radioativo (Figura 2.5).

Figura 2.5 – Símbolo de resíduo radioativo

- Grupo D: resíduos comuns, aqueles produzidos em atividades administrativas diárias, como papéis, pastas, plásticos, copos descartáveis e embalagens de alimentos, etc. Quando possível, devem ser destinados à coleta seletiva (metal, papel, vidro e plástico).

- Grupo E: especificamente para resíduos perfurocortantes. De acordo com a RDC 222 (Brasil, 2018), são constituídos por materiais perfurocortantes ou escarificantes, incluindo objetos e instrumentos com cantos, bordas, pontos ou protuberâncias rígidas e agudas que podem cortar ou perfurar.

Agulhas, escalpes, bisturis e outros resíduos perfurocortantes devem ser acondicionados no local de sua geração em embalagens estanques, resistentes à punctura, ruptura e vazamento, além disso, essas embalagens devem ser devidamente identificadas pelo símbolo de risco correspondente.

A capacidade máxima permitida para o preenchimento dos coletores de resíduos perfurocortantes é de ¾. Isso é importante para evitar acidentes durante o manuseio desses resíduos.

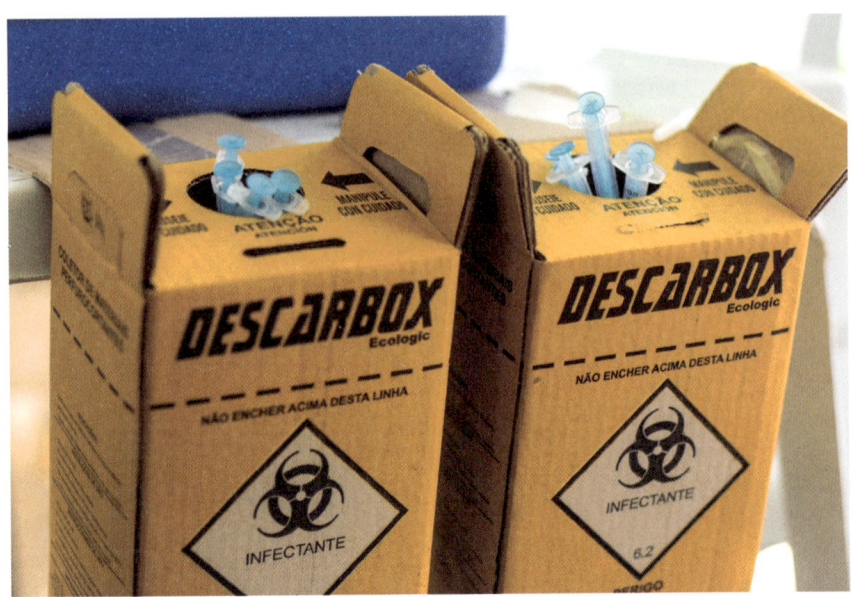

Figura 2.6 – Caixa de resíduos perfurocortantes

A identificação adequada de resíduos garantirá que eles sejam manuseados e descartados corretamente. O transporte e o armazenamento de resíduos devem ser realizados de maneira segura para evitar contaminação, e a disposição final de resíduos deve ser realizada por uma empresa especializada em coleta de resíduos, devidamente regularizada no município em que presta o serviço de descarte. Essas empresas possuem o conhecimento, as ferramentas e as metodologias adequadas para lidar com esses materiais da melhor maneira possível e com os menores custos.

É importante lembrar que o gerenciamento adequado dos resíduos laboratoriais não só garante a conformidade com as regulamentações sanitárias, mas também contribui para a proteção do meio ambiente e da saúde pública.

CONTROLE DE QUALIDADE

O controle de qualidade em laboratórios de análises clínicas assegura a precisão e a confiabilidade dos resultados dos testes. Envolve uma série de procedimentos que são implementados para monitorar e avaliar a eficácia dos processos. Isso inclui a verificação regular de equipamentos, a calibração precisa de instrumentos e a implementação de protocolos rigorosos para a coleta e o manuseio de amostras.

A importância do controle de qualidade em laboratórios clínicos não pode ser subestimada. A precisão dos resultados do teste é vital para o diagnóstico correto e o tratamento subsequente do paciente. Um erro nos resultados do teste pode levar a um diagnóstico incorreto, resultando em tratamento inadequado e em possíveis consequências graves para a saúde do paciente.

Além disso, os colaboradores são responsáveis por identificar e relatar quaisquer problemas ou irregularidades que possam afetar a qualidade dos resultados do teste. Isso pode incluir equipamentos defeituosos, erros no manuseio ou armazenamento de amostras, ou inconsistências nos resultados do teste.

GARANTIA DE QUALIDADE

A garantia de qualidade em laboratórios de análises clínicas é um processo sistemático que também contribui com a confiabilidade e precisão dos testes realizados. São processos que envolvem a implementação de um conjunto de diretrizes e padrões que são projetados para melhorar a eficiência e eficácia dos procedimentos laboratoriais.

Este segmento desempenha um papel crucial na precisão dos resultados dos testes, que são fundamentais para o diagnóstico correto e o tratamento subsequente do paciente. Um sistema eficaz de garantia de qualidade pode ajudar a prevenir erros, minimizar a variabilidade nos resultados dos testes e melhorar a confiabilidade dos serviços prestados pelo laboratório. Um sistema de garantia de qualidade deve seguir manuais específicos como o do Programa Nacional de Controle de Qualidade (PNCQ), *Garantia da qualidade no laboratório clínico* (Corrêa, 2019), ao qual os laboratórios podem aderir. Existem também outras instituições para este fim, como a Controllab.

Os processos que compõem a garantia da qualidade envolvem a acreditação e a certificação da qualidade. A acreditação é um processo que reconhece a competência de um laboratório para realizar exames específicos ou calibrações. As instituições acreditadoras avaliam os laboratórios com base em normas nacionais e internacionais. São processos aplicáveis a laboratórios em que são realizados exames de materiais biológicos, microbiológicos, imunológicos, químicos, imuno-hematológicos, hematológicos, biofísicos, citológicos, patológicos ou outros materiais provenientes do corpo humano.

As certificações, por outro lado, são concedidas por organizações certificadoras, como a International Organization for Standardization (ISO), que avaliam se os processos de um laboratório estão em conformidade com as normas ISO. Essas normas estabelecem os requisitos para sistemas de gestão da qualidade. Os selos de acreditação e certificação são de extrema importância para os laboratórios de análises clínicas. Eles não apenas demonstram a competência do laboratório para realizar exames e calibrações específicas, mas também aumentam a confiança dos pacientes e médicos na qualidade e precisão dos resultados dos exames.

O papel do trabalhador do laboratório no processo de garantia da qualidade é vital. Eles são responsáveis por garantir que os procedimentos sejam seguidos corretamente, realizar os registros definidos dentro da padronização dos processos para obtenção dos selos e ainda dupla ou tripla checagem das fases pré-analíticas, analíticas e pós-analíticas.

A dupla e tripla checagem são práticas fundamentais nos laboratórios de análises clínicas para garantir a qualidade e precisão dos resultados. Esses processos envolvem a verificação de amostras, reagentes e resultados por mais de um profissional ou por meio de diferentes métodos. A dupla checagem ajuda a minimizar erros humanos, enquanto a tripla checagem adiciona uma camada extra de segurança. Essas práticas são especialmente críticas em testes complexos ou de alto risco, em que um erro pode ter consequências significativas para o diagnóstico e tratamento do paciente. Portanto a dupla e a tripla checagens desempenham um papel crucial na garantia da qualidade em laboratórios de análises clínicas.

ARREMATANDO AS IDEIAS

Neste capítulo, vimos que a biossegurança tem como objetivo proteger a saúde de profissionais e pacientes e o meio ambiente, estabelecendo, por meio de obrigações legais, cuidados específicos e padrões preestabelecidos que devem ser cumpridos para evitar contaminações. Para estar em dia com essas obrigações legais, é necessário entender as normas estabelecidas pela Anvisa e se orientar com os guias e manuais elaborados por outras instituições sobre boas práticas laboratoriais e medidas de biossegurança.

Em relação à conduta profissional, apresentamos brevemente a NR-32 e a RDC n. 786/2023, que enfatizam a importância da formação contínua e da conscientização sobre as práticas seguras no local de trabalho. Isso inclui a compreensão de riscos associados ao manuseio de materiais biológicos e químicos, bem como o conhecimento de medidas corretas a serem tomadas em caso de exposição acidental.

Tratamos ainda da limpeza e descontaminação de ambientes, equipamentos, vidrarias e utensílios em laboratórios de análises clínicas, procedimentos essenciais para garantir a qualidade e segurança dos resultados obtidos; do processo de descarte de resíduos em laboratórios de análises clínicas, que precisa ser rigoroso e eficiente; do controle de qualidade, que garante que os altos padrões sejam mantidos; e da garantia de qualidade, que envolve a implementação de diretrizes e padrões para melhorar a eficiência e eficácia dos procedimentos laboratoriais.

Todas essas práticas apresentadas neste capítulo ajudam a minimizar erros, melhorar a confiabilidade dos serviços e aumentar a confiança dos pacientes nos resultados dos exames. Portanto, com a constante evolução científica e tecnológica, é importante que você se mantenha sempre a par das mais recentes pesquisas e diretrizes, a fim de assegurar a integridade e confiabilidade dos processos laboratoriais.

CAPÍTULO 3

Vidrarias, utensílios e equipamentos

Observe a ilustração e reflita: ao preparar as refeições no nosso dia a dia, utilizamos medidas e utensílios padronizados? Quanto exatamente seria uma pitada de sal? E uma xícara de chá de farinha? Todos os modelos de xícaras de chá apresentam o mesmo volume?

A humanidade utiliza diversos instrumentos, equipamentos e utensílios em suas atividades cotidianas. Na vida pessoal, aprendemos pela observação, repetição, tentativas de acerto e erro. Mesmo com medidas e processos não padronizados, as atividades corriqueiras acabam bem-sucedidas, e a vida segue seu rumo. No entanto, em laboratórios de análises clínicas, qualquer mínimo volume a mais ou a menos, qualquer instrumento ou equipamento utilizado de maneira inadequada pode alterar os resultados laudados e interferir na conduta médica, impactando na saúde do indivíduo. Vidrarias, utensílios e equipamentos são utilizados rotineiramente em laboratórios analíticos, conhecê-los e saber utilizá-los é fundamental na garantia da qualidade dos resultados analíticos.

VIDRARIAS E UTENSÍLIOS

Saber quais são os instrumentos, vidrarias e equipamentos mais importantes em um laboratório clínico e como usá-los corretamente é fundamental para garantir análises e resultados de confiança. Ao longo deste capítulo, apresentaremos itens comumente encontrados na rotina laboratorial, isso possibilitará que você tenha as condições essenciais necessárias para iniciar sua jornada profissional.

ALÇA E AGULHA (FIO) DE PLATINA OU DESCARTÁVEL: instrumentos utilizados para transferir inóculos sólidos ou em suspensão. As alças possuem calibrações de 1 µL ou 10 µL. As agulhas são utilizadas para inoculações em profundidade e podem ser calibradas. Quando de platina, as alças e os fios são altamente resistentes ao calor e podem ser flambadas e, assim, esterilizadas. Quando de plástico, são comercializadas esterilizadas, embaladas individualmente e são descartáveis.

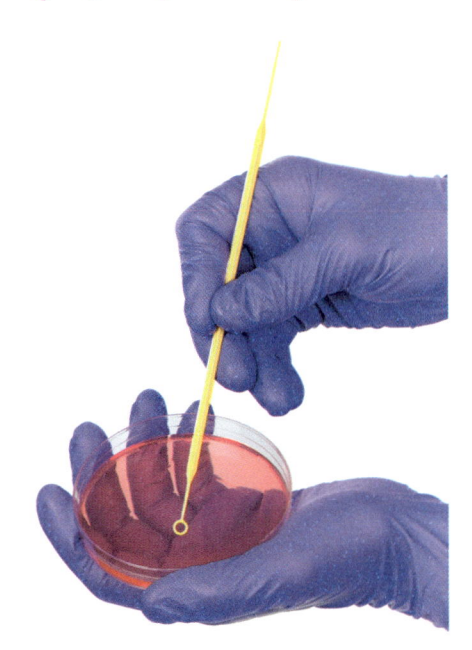

Figura 3.1 – Alça de inoculação descartável

BALÃO VOLUMÉTRICO: recipiente utilizado para a preparação de líquidos com volume exato e preciso. O volume é único e fixo, descrito no próprio balão.

BASTÃO/BAQUETA: instrumento utilizado para transferência de líquidos e agitação de soluções para não respingar o líquido fora do recipiente. Podem ser produzidos em vidro (borossilicato) ou em plástico (polipropileno).

BÉQUER: recipiente de vidro ou plástico em forma cilíndrica, com fundo plano e bico na borda superior. Utilizado para dissolver substâncias, efetuar reações químicas e, quando de vidro, pode ser usado com aquecimento.

CÂMARA DE NEUBAUER: também conhecida como hemocitômetro e câmara hematimétrica, é um dispositivo utilizado para realizar a contagem de partículas em suspensão, como células ou microrganismos. A câmara de Neubauer é uma placa de vidro (lâmina de microscópio mais espessa que a usual) com dois campos de contagem e plataformas centrais circundadas por uma depressão. A maioria das câmaras de Neubauer é composta por dois retículos microscópios gravados no vidro, os retículos são divididos em quadrantes de dimensões conhecidas. Ao lado da câmara, existe dois suportes que mantêm uma lamínula de quartzo exatamente a 0,1 mm acima do chão da câmara. Quando se coloca uma suspensão na câmara fechada com a lamínula, é possível mensurar a quantidade de partículas nos retículos e calcular a quantidade dessas partículas na suspensão analisada.

ERLENMEYER: recipiente de vidro com fundo plano, corpo cônico e gargalo cilíndrico. Utilizado para armazenamento e condicionamento de substâncias, permite agitação manual, uma vez que o afunilamento no gargalo reduz o risco de perda de material.

ESPÁTULA: utensílio com diversas utilidades em laboratórios, destinado a transferir pequenas porções de substâncias sólidas.

FRASCO REAGENTE COM TAMPA DE ROSCA: frasco indicado para o armazenamento de reagentes e misturas líquidas, a tampa é rosqueável e com anel antivazamento. São autoclaváveis.

MICROPLACA: placa constituída de uma base plana e múltiplos poços que se assemelham a pequenos tubos de ensaios onde ocorrem reações analíticas. Os poços podem ser em formato plano (fundo chato), arredondado (fundo U) e cônico (fundo V), e a placa mais comum é a de 96 poços. As microplacas são utilizadas em diversos tipos de ensaios com aplicação de metodologias diferentes. A maioria é fabricada de poliestireno (PS) e possui identificação alfanumérica nas bordas.

MICROTUBO: pequeno tubo descartável com capacidade variável (0,2 a 2,5 mL), tampa acoplada e fundo cônico, utilizado para preparar, misturar, centrifugar, transportar e armazenar amostras e reagentes sólidos e líquidos.

PIPETA DE PASTEUR: utensílio de plástico ou vidro utilizado para transferência de pequenos volumes líquidos. Não apresenta graduação precisa, podendo ser utilizada de modo semiquantitativo pela contagem de gotas.

Figura 3.2 – Pipeta de Pasteur

PIPETA VOLUMÉTRICA: utensílio para medir um volume exato de líquidos com alta precisão, o volume é informado no corpo de vidro da pipeta.

PIPETA VOLUMÉTRICA AUTOMÁTICA (MONOCANAL E MULTICANAL): dispositivo utilizado para manuseio de líquidos em volumes pequenos e precisos, por meio de mecanismo de sucção e dispensação (geralmente de 0,1 µL a 10.000 µL). A maioria das pipetas volumétricas automáticas pode ter o volume ajustado no momento do uso, respeitando o máximo e mínimo padronizados pelo fabricante. Para o manuseio de líquidos, utiliza-se ponteiras que devem ser acopladas na extremidade das pipetas em que acontecem a sucção e dispensação do líquido, deve-se observar se a ponteira é adequada para a capacidade da pipeta. Há dois tipos de pipetas volumétricas automáticas mais comumente utilizados: a pipeta monocanal, com apenas um canal, e a multicanal, com oito ou doze canais pelos quais é possível aspirar o mesmo volume simultaneamente em cada um. Antes da utilização, o volume das micropipetas com volume ajustável deve ser regulado delicadamente, e a ponteira, encaixada. A micropipeta deve ser usada em posição vertical, pressionando lentamente o êmbolo até o primeiro estágio, fora do líquido, imergindo a ponteira no líquido e soltando lentamente o êmbolo até a posição de repouso (aguardar um segundo para que o líquido se acomode dentro da ponteira). Para transferir o líquido para outro recipiente, deve-se encostar a ponta da ponteira na parede interna em ângulo de 10° a 45° e pressionar lentamente o êmbolo até a posição do primeiro estágio, e então mudar a região da parede do recipiente e pressionar o êmbolo até a posição do segundo estágio, soltando lentamente o êmbolo até a posição de repouso.

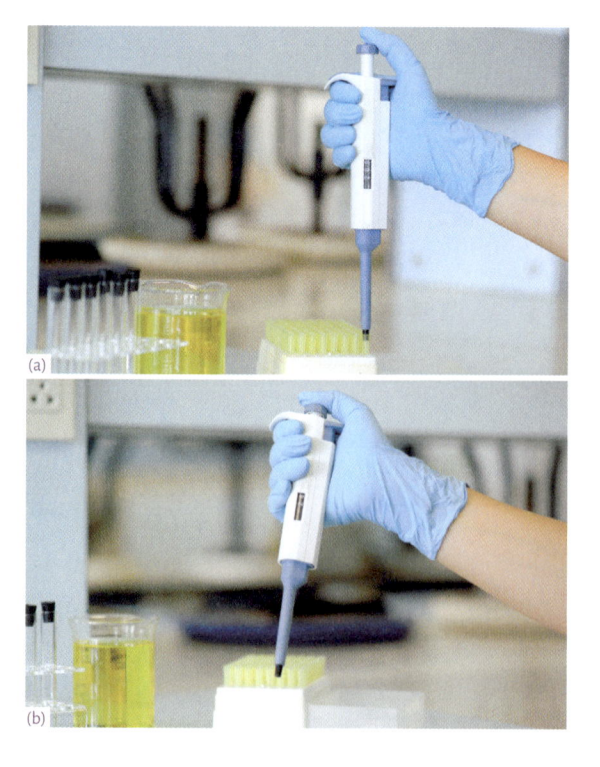

Figura 3.3 – Pipeta volumétrica automática monocanal na posição (a) vertical e (b) inclinada

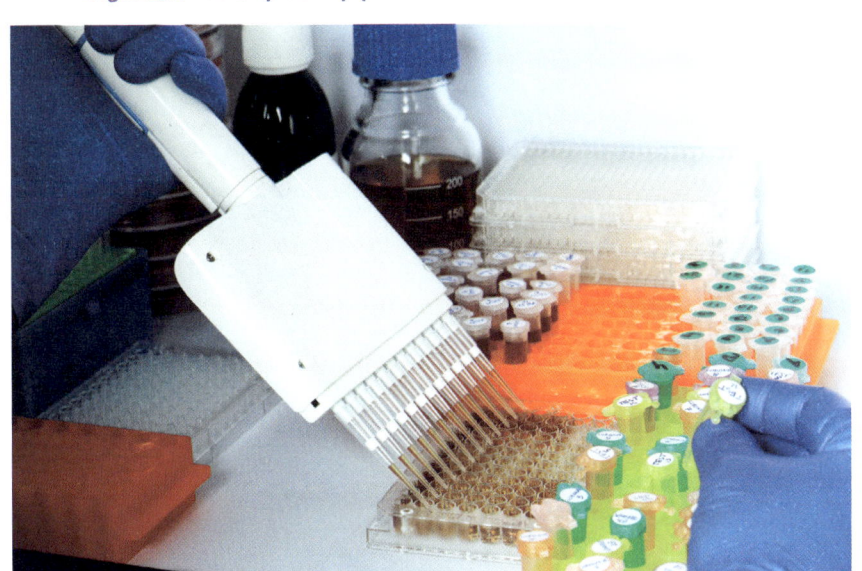

Figura 3.4 – Microplaca e pipeta volumétrica automática multicanal

PIPETA VOLUMÉTRICA GRADUADA: utensílio para medir volumes variados de líquidos, apresenta escala de graduação e descrição de capacidade máxima. Para a transferência de volumes precisos de líquidos em pipetas e provetas, é necessário ajustar o menisco do líquido no instrumento de medida. O menisco é a curvatura que um líquido apresenta em sua superfície em razão da tensão superficial existente entre a interface ar e líquido. O ajuste do menisco deve ser realizado com o instrumento volumétrico na posição vertical, apoiado em uma superfície plana e com os olhos do operador na altura do menisco. No caso de líquidos com adesão mais forte (menisco côncavo), é necessário realizar o ajuste de modo que a parte inferior do menisco entre em contato horizontalmente com a extremidade superior da marca de calibração.

PISSETA: utilizada para lavagem de materiais ou recipientes por meio de jatos de água, álcool ou outros solventes. É uma garrafa plástica com um tubo afilado de saída por onde os líquidos escorrem quando há compressão.

PLACA DE PETRI: recipiente de forma cilíndrica (o diâmetro pode variar entre 6 e 12 cm) e achatada, de vidro ou de plástico e composto de duas partes. As placas de Petri são utilizadas principalmente em cultivos e técnicas de microbiologia.

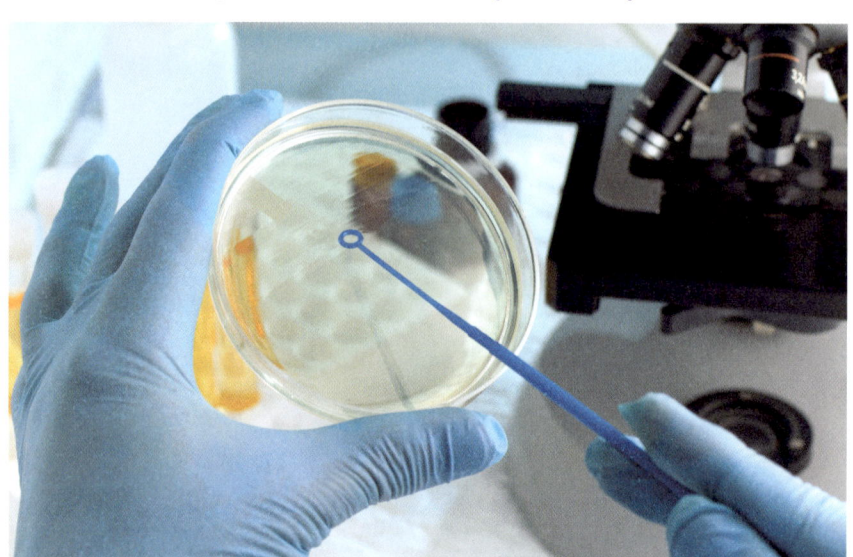

Figura 3.5 – Placa de Petri e alça de inoculação

PROVETA: recipiente em forma de um tubo cilíndrico estreito, com graduação em toda a sua extensão, utilizado para medição de volumes líquidos, porém com baixa precisão. Possui uma base estável de plástico ou vidro em formato redondo ou hexagonal. Para a utilização, o menisco deve ser ajustado.

TUBO DE CENTRÍFUGA: tubos em polipropileno transparente com tampa de vedação rosqueável, capacidade de 15 ou 50 mL. Utilizados para centrifugação e armazenamento de amostras ou soluções.

Figura 3.6 – Tubos de centrífuga de (a) 15 mL e de (b) 50 mL

(a) (b)

TUBOS DE ENSAIO: recipientes que misturam ou armazenam materiais. Há vários tipos diferentes de tubos de ensaio, e eles podem ser feitos de vidro ou de plástico. O vidro é o material clássico e mais comum por ser resistente ao calor e a produtos químicos, além de ser transparente. Os tubos de ensaio se apresentam em diferentes capacidades de volume e podem ser abertos ou fechados por tampa de rosca.

Figura 3.7 – Erlenmeyer, béquer, balão volumétrico e tubo de ensaio

Neste tópico, apresentamos os principais utensílios e vidrarias utilizados em laboratórios e clínicas, a seguir, falaremos de alguns dos equipamentos de laboratório essenciais.

EQUIPAMENTOS

Saber manusear equipamentos é fundamental para a qualidade dos resultados de exames laboratoriais. Neste tópico, apresentaremos os principais equipamentos utilizados nesse ambiente. Lembre-se que é importante sempre ler, seguir e se atentar às orientações de uso de cada um.

AGITADOR MAGNÉTICO COM OU SEM AQUECIMENTO: equipamento em que se realiza misturas de substâncias por agitação com ou sem controle de temperatura. Para a agitação, é necessário colocar uma barra magnética no interior do recipiente.

AGITADOR TIPO VÓRTEX: equipamento utilizado para homogeneização e agitação de amostras e/ou reagentes por movimento orbital e vibratório.

BALANÇA DE PRECISÃO (ANALÍTICA E SEMIANALÍTICA): equipamento utilizado para determinação da massa de produtos, reagentes e amostras. A balança analítica é utilizada para pesagens que necessitem de maior precisão, essa balança possui capelas de proteção para evitar a interferência da movimentação do ar e tem precisão de até 0,0001 g. A balança semianalítica apresenta uma precisão menor, de até 0,001 g, e pode ou não possuir capela (Veiga Jr.; Wiedemann; Moraes, 2020). Antes da utilização da balança, esta deve ser ligada na fonte de alimentação por pelo menos 30 minutos (tempo de aquecimento) para se estabilizar no ambiente e melhorar seu funcionamento e consequentemente a precisão de suas medidas. A calibração do equipamento pode ser afetada consideravelmente pela movimentação, por isso, deve-se evitar tal ação, o ideal é deixá-la fixa em um local e observar o nível das balanças (presença de uma bolha que deve estar no meio do vidro no indicador de nível) e os dois ou quatro pés ajustáveis que compensam ligeiras irregularidades na superfície da bancada de pesagem. Antes do uso, é imprescindível realizar este nivelamento e tarar (zerar) a balança, procedimento que desconsidera o peso do papel de pesagem ou recipiente utilizado para realizar a pesagem.

BANHO-MARIA: equipamento que permite a termorregulação de uma amostra, por meio do controle da temperatura de um fluido térmico, o qual é colocado dentro da cuba do banho e que irá transferir a temperatura ajustada para a amostra imersa nele. Usualmente o fluido é água destilada.

BANHO SECO OU TERMOBLOCO: equipamento com a mesma função do banho-maria, porém não utiliza água. Consiste em um bloco de alumínio, que propicia aquecimento mais uniforme dos tubos.

BICO DE BUNSEN: fonte de calor de bancada, é usado para a esterilização de pequenos objetos e para aquecer substâncias e soluções. O bico de Bunsen funciona pela reação de combustão entre um gás combustível e o ar atmosférico. As válvulas no equipamento controlam o fluxo de ar, alterando a extensão em que ocorre a reação e, consequentemente, gerando chamas com diferentes intensidades de calor. A temperatura da chama varia de acordo com a região, a parte externa possui temperatura mais elevada do que a parte central da chama.

CABINE DE SEGURANÇA BIOLÓGICA: usada como contenção primária no trabalho com agentes de risco biológico, para minimizar a exposição do operador, do produto e do ambiente. Existem variados tipos e classes de cabines de segurança biológica, apenas após a avaliação de risco do ambiente é que se determina a cabine ideal.

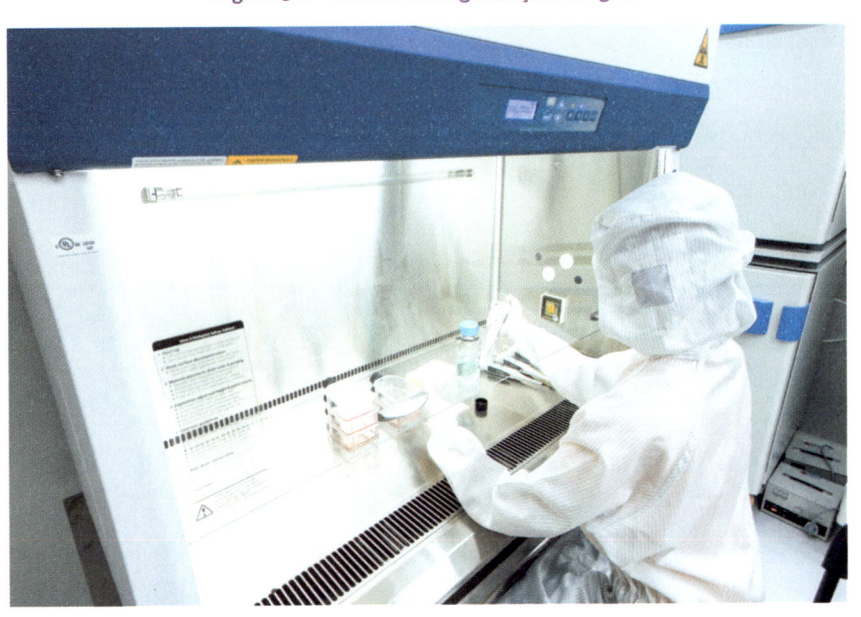

Figura 3.8 – Cabine de segurança biológica

CENTRÍFUGA: equipamento utilizado para separação de fases entre os elementos de uma mistura. A fase de maior densidade fica no fundo do tubo, e a de menor densidade forma o sobrenadante na parte superior. As partículas são separadas dependendo de suas densidades, tamanho, força centrífuga e tempo de separação. Existem vários tipos de centrífuga, além de variar conforme o tipo de rotor, as centrífugas diferem entre si em relação ao tamanho e ao modelo, de acordo com a aplicação. Essas diferenças determinam a velocidade máxima da centrifugação, o controle de temperatura, a capacidade de tubos e o volume máximo de líquido por tubo. Na rotina dos laboratórios de análises clínicas, é comum encontrar centrífugas de bancada para tubos, capilares e microplacas. É fundamental que a centrífuga esteja sempre em equilíbrio: para cada tubo inserido, é necessário colocar outro tubo oposto com o mesmo peso, a fim de balancear. Lembre-se que nem sempre dois tubos com o mesmo volume têm o mesmo peso, isso depende da densidade da amostra.

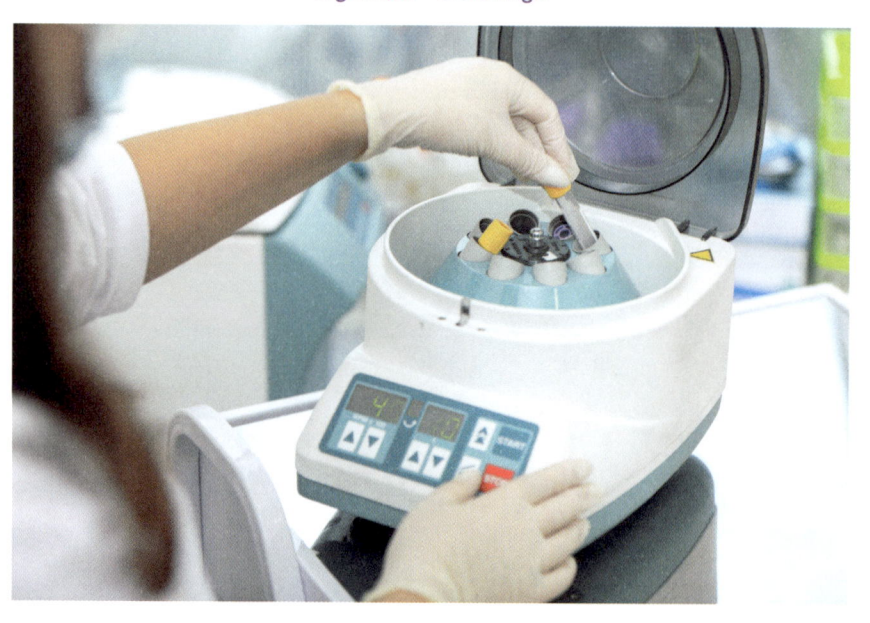

Figura 3.9 – Centrífuga

ESPECTROFOTÔMETRO: equipamento que mede a quantidade de luz absorvida ou transmitida por determinada substância diluída em um solvente. O espectrofotômetro permite identificar e quantificar diferentes substâncias, uma vez que cada composto químico absorve, transmite ou reflete a luz de acordo com o comprimento de onda aplicado. Existem vários tipos de espectrofotômetro, o usualmente utilizado em laboratórios analíticos é o espectrofotômetro UV-visível, este cobre uma faixa espectral entre 190 nm e 1.100 nm, permitindo análises quantitativas de moléculas que absorvem luz na região ultravioleta-visível.

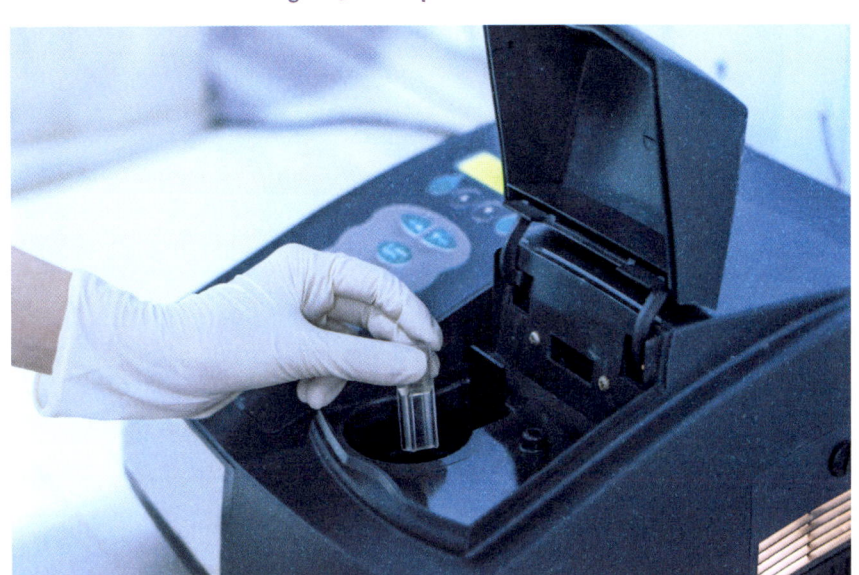

Figura 3.10 – Espectrofotômetro

SUGESTÃO PARA SE APROFUNDAR

Você conheceu o espectrofotômetro e aprendeu que ele é utilizado para medir a absorção de luz, mas você conhece a luz? A luz é dividida em diversos comprimentos de onda – ondas de rádio, micro-ondas, infravermelho, luz visível, ultravioleta, raios x e raios gama –, e está envolvida em diferentes exames laboratoriais e tratamentos. Faça uma rápida pesquisa sobre a luz e aprenda um pouco mais sobre esse complexo e amplo tema. Para uma breve introdução, sugerimos o seguinte link:

https://brasilescola.uol.com.br/fisica/luz.htm

ESTUFA BIOLÓGICA: equipamento utilizado para a incubação de microrganismo, permitindo o crescimento de culturas em condições controladas. A temperatura é controlada precisamente, criando ambiente favorável para o crescimento de culturas de microrganismos.

ESTUFA DE SECAGEM: equipamento com controle de temperatura usado para remover a umidade do ar em ambiente controlado. O ar é aquecido e circulado dentro da estufa, permitindo que a umidade seja evaporada rapidamente.

FONTE E CUBA DE ELETROFORESE: a eletroforese é uma técnica de separação de substância em soluções, a separação acontece por causa de diferenças de tamanho, carga e conformação entre as moléculas. Fonte e cuba são equipamentos indispensáveis para a eletroforese. A fonte fornece energia para os ensaios de eletroforese, ela é ligada à cuba, que é onde ocorre a separação das moléculas aplicadas a um suporte (gel de agarose, gel de poliacrilamida ou papéis para eletroforese).

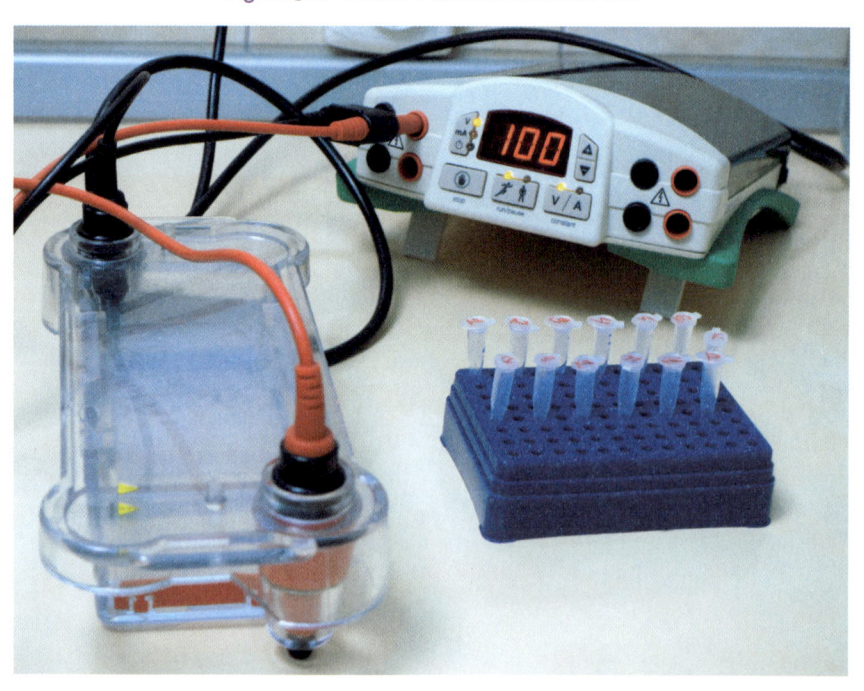

Figura 3.11 – Fonte e cuba de eletroforese

MICROSCÓPIO: equipamento composto de um sistema óptico de lentes de cristal utilizado para ampliar objetos para analisá-los. O modelo de microscópio mais utilizado nas rotinas laboratoriais é o microscópio óptico, que é composto pela junção de dois sistemas de lentes convergentes: o sistema de oculares, próximo do olho do analista que funciona como microscópio simples ampliando a imagem, e o sistema de objetivas, próximo do objeto. As objetivas possuem a capacidade de ampliar em várias vezes o tamanho da imagem, e, quanto maiores forem as curvaturas das lentes e as distâncias entre o sistema de objetivas e o sistema de oculares, maior será o aumento total (Brasil Escola, [s. d.]b). Para calcular o aumento total de um microscópio, multiplica-se o aumento próprio da objetiva pelo aumento da ocular, portanto, ao se utilizar oculares de 10x e objetiva de 4x, o aumento total será de 40 vezes o tamanho real da imagem; com oculares de 10x e objetiva de 10x, o aumento total será de 100 vezes, e assim sucessivamente.

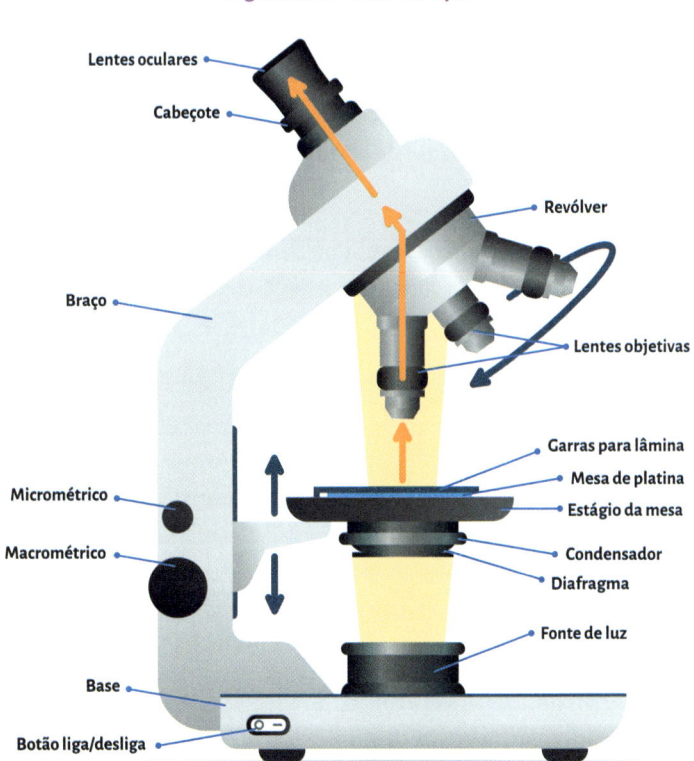

Figura 3.12 – Microscópio

NA PRÁTICA

A utilização de microscópios, assim como os demais equipamentos, deve acontecer seguindo as recomendações do fabricante. Contudo, de modo geral, essas recomendações convergem ao exposto a seguir (Brasil Escola, [s. d.]b).

1. Os objetos devem ser observados primeiramente na menor objetiva (4x). Para isso, ligue o equipamento e ajuste a intensidade luminosa de acordo com a preparação do material analisado.

2. Para observar a imagem com nitidez, ajuste a distância entre o objeto e a lente objetiva girando o macrométrico da posição mais baixa para a mais alta até que o objeto seja focado; com o micrométrico, faça o ajuste fino para a melhor focalização do objeto.

3. Rode o revólver das objetivas para 10x para aumentar a ampliação do objeto e volte a focar a imagem, repita o processo até a objetiva de 100x (neste aumento, é necessário o uso de óleo de imersão para focar).

4. Sempre guarde o microscópio com o revólver na posição do menor aumento, com a intensidade luminosa no menor nível e limpo. A limpeza deve ser realizada com um papel macio e soluções destinadas a este fim.

Embora o microscópio óptico composto seja o tipo de microscópio mais utilizado nas rotinas laboratoriais, existem outros modelos normalmente utilizados em centros avançados de pesquisa e diagnóstico, alguns exemplos são: microscópio de campo escuro, de contraste de fase, de contraste interferencial, de polarização, de fluorescência, de confocal a laser, de coloração negativa, eletrônico de transmissão, eletrônico de varredura e eletrônico de criofratura.

> 👍
> **DICA**
>
> Diversas pessoas relatam dificuldade em formar uma única imagem ao observar objetos ao microscópio, isto acontece por causa do não ajuste da distância interpupilar. Para ajustar essa distância, gire os tubos oculares de maneira simétrica até conseguir observar apenas um círculo ao olhar pelas duas oculares.

PHMETRO: equipamento usado para medir o pH de uma solução. O pH indica a acidez, neutralidade ou alcalinidade e está relacionado à concentração de hidrogênio na solução. O equipamento consiste em um eletrodo que mede o potencial hidrogeniônico (pH) e um display que exibe a leitura. O pH pode variar de 0 a 14, quanto maior o valor de pH mais alcalino (básico) é o meio; enquanto valores baixos indicam um meio ácido. Antes do uso do pHmetro, é necessário realizar a calibração do eletrodo com soluções-tampão (buffers) para garantir a confiabilidade do equipamento.

Figura 3.13 – pHmetro portátil

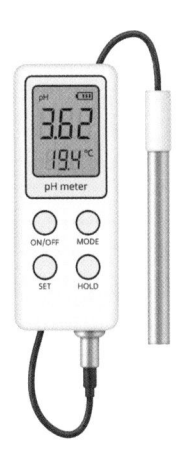

TERMOCICLADOR: equipamento utilizado em práticas de biologia molecular e genética, no qual é possível programar os ciclos de temperatura necessários para que ocorra a amplificação de material genético por técnica de PCR (reação em cadeia de polimerase). O termociclador aquece e esfria amostras em intervalos regulares, padronizados especificamente para cada teste, permitindo que as enzimas polimerases produzam cópias de um segmento específico de material genético. Existe o termociclador para PCR convencional e para PCR em tempo real.

TRANSILUMINADOR: equipamento com luz ultravioleta, utilizado principalmente em práticas de biologia molecular e genética, para visualização dos fragmentos de DNA/RNA corados com corantes fluorescentes e obtidos a partir da separação pela técnica da eletroforese.

Os equipamentos que você conheceu neste capítulo são os mais utilizados nos dias atuais. Lembre-se de sempre há atualizações, aprimoramentos e novidades nas possibilidades aqui apresentadas. Para complementar seus conhecimentos e se manter com as atualizações em dia, busque informações nos sites de fabricantes e revendedores. Você encontrará, inclusive, vídeos instrucionais que ilustrarão ainda mais seus conhecimentos.

ARREMATANDO AS IDEIAS

Conhecimento e zelo são necessários para o trabalho em laboratórios. Apenas após entrar em contato com os itens básicos que compõem esse ambiente é que se pode mergulhar no mundo do diagnóstico laboratorial com segurança.

O uso inadequado de vidrarias, utensílios e equipamentos, na maioria das vezes, gera avarias que reduzem o tempo útil deles, causando prejuízos financeiros e ambientais e – o mais importante – podendo falsear resultados laboratoriais e atrasar diagnósticos. Ao surgirem dúvidas quanto ao uso, o laboratorista deve sempre procurar por instruções dos fabricantes ou esclarecimentos nos procedimentos operacionais-padrão do laboratório.

A qualidade e a confiabilidade dos resultados de testes analíticos se iniciam com uma coleta de qualidade. Não adianta ter os melhores aparelhos e métodos analíticos de qualidade, pois, se a coleta do material não for bem feita, o resultado do exame certamente estará comprometido.

CAPÍTULO 4

Coleta de materiais biológicos – sangue

Você já deve ter ido a um laboratório de análises clínicas coletar materiais biológicos para a realização de exames, certo? Você se lembra qual a quantidade de sangue coletada? Havia tubos de coleta de diferentes cores? Como o profissional localizou a veia para realizar a punção?

Neste capítulo, vamos explorar o fascinante mundo do sangue e aprender sobre os materiais necessários para a coleta, desde agulhas e tubos até anticoagulantes e conservantes, e como realizar corretamente o procedimento.

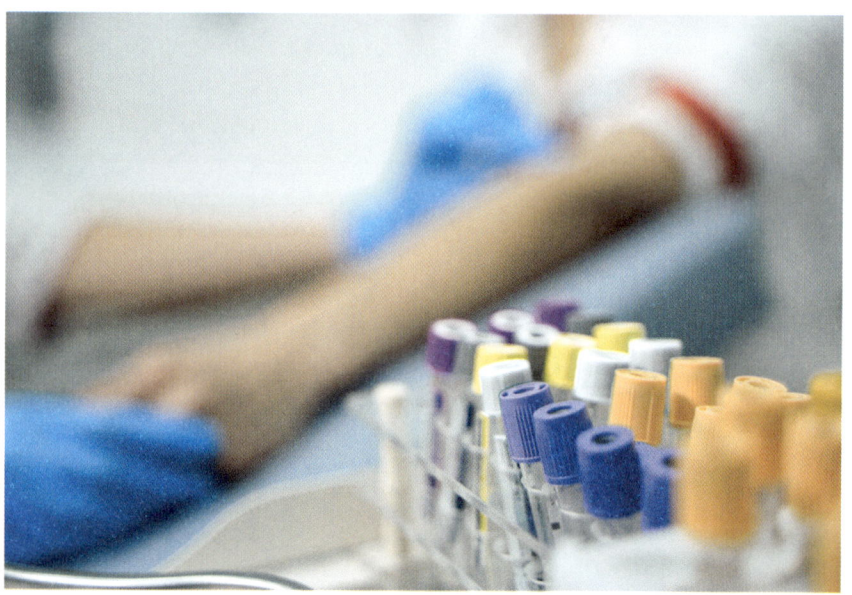

Ao fundo, profissional realizando o procedimento da coleta de sangue. Em destaque, tubos de coleta.

As amostras são colhidas de acordo com os exames solicitados. Para todos os tipos de coletas, o paciente deve receber informações sobre o preparo, como tempo de jejum ou dietas específicas. O profissional responsável pela coleta deve ser capacitado para identificar o material e realizar o procedimento com segurança, tranquilidade para o paciente e de maneira tecnicamente correta para a confiabilidade do resultado.

SANGUE VENOSO

O sangue venoso é o principal material biológico analisado para obter resultados de exames que auxiliam as equipes de saúde a traçarem estratégias para o melhor tratamento de um paciente. Os exames de sangue têm como objetivo identificar doenças, antecipar complicações e avaliar o estado de saúde do paciente, e são grandes aliados para a medicina diagnóstica. O sangue venoso para realização de exames é obtido por meio de punção venosa. A coleta de sangue venoso é parte essencial de um laboratório de análises clínicas e é descrita em detalhes neste capítulo.

O sangue pode ser analisado em sua totalidade ou após ter seus componentes separados. Quando circulando no corpo humano, o sangue é um tecido vivo responsável pelo transporte de substâncias, além de realizar outras funções de grande importância fisiológica, sendo constituído por plasma, hemácias, leucócitos e plaquetas.

O plasma, parte líquida do sangue, é composto de água (90%) e de substâncias dissolvidas (10%), como proteínas, enzimas, hormônios, fatores de coagulação, imunoglobulina e albumina. O plasma representa aproximadamente 55% do volume de sangue circulante; já os 45% restantes são representados por hemácias, leucócitos e plaquetas com função de transporte de gazes, defesa do organismo e coagulação sanguínea, respectivamente.

No momento da coleta do sangue venoso, o profissional deve se atentar a qual ou quais amostras são necessárias para a realização dos exames solicitados. Há exames em que se analisa o sangue total, neste caso, é preciso adicionar anticoagulantes ao tubo de coleta. Em outros exames, é analisado o soro ou o plasma. Para a obtenção de soro, o sangue deve ser coletado sem a adição de anticoagulantes. Após a coleta, o sangue passa pelo processo de coagulação, o fibrinogênio (proteína participante do processo de coagulação) é consumido, e, com auxílio da centrifugação, é possível separar o soro sanguíneo. Já o plasma é obtido quando ocorre a separação da parte líquida da amostra em que foi adicionado anticoagulante; nesse caso, o fibrinogênio permanece presente na amostra.

Figura 4.1 – Sangue total e plasma

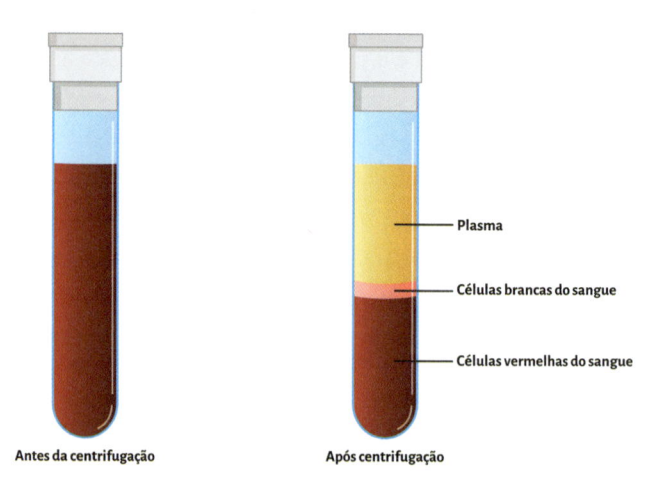

- Plasma
- Células brancas do sangue
- Células vermelhas do sangue

Antes da centrifugação | Após centrifugação

MATERIAIS PARA PUNÇÃO VENOSA

Agulhas

Agulhas de diferentes tipos e tamanhos (comprimento e diâmetro) são utilizadas para a coleta de sangue. A escolha da agulha está relacionada ao tipo de coleta e às características do paciente.

Nas coletas de sangue em que se utiliza sistema a vácuo, a agulha apresenta duas extremidades: uma é introduzida na veia do paciente, e a outra perfura a rolha de borracha do tubo de coleta. Nas coletas com seringa, a agulha apresenta uma extremidade perfurante e outra com dispositivo que se adapta à seringa.

Escalpe

O escalpe para coleta de sangue venoso a vácuo tem uma agulha ligada a duas pequenas alças na ponta. Esse dispositivo é usado para coletar sangue de veias usando um sistema a vácuo. Ele é muito útil quando é difícil acessar as veias do paciente, como em crianças, recém-nascidos e idosos, pois suas agulhas vêm em diferentes tamanhos, o que significa que elas podem ter comprimentos e diâmetros diferentes.

Adaptador de agulha

O adaptador de agulha é um suporte que conecta a agulha de punção a vácuo com o tubo de coleta de sangue, é fabricado em plástico, reutilizável e não estéril. A maioria dos adaptadores segue um padrão internacional e pode ser utilizada em todos os tamanhos de agulhas e tubos. Atualmente, encontram-se no mercado os adaptadores rosqueáveis à agulha e os de acionamento automático para descarte da agulha. Assim, como os adaptadores com protetores de agulha para descarte, esses diferenciais garantem maior segurança ao trabalhador.

Figura 4.2 – Sistema de coleta de sangue a vácuo

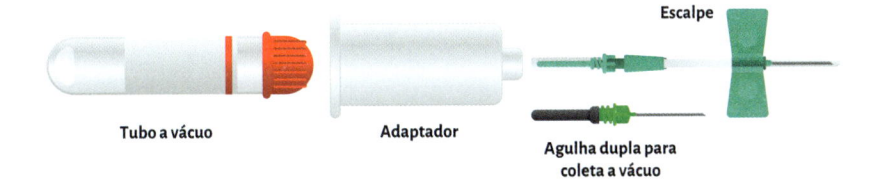

Tubos de coleta de sangue

Quando utilizados na coleta a vácuo, os tubos de coleta de sangue constituem um sistema fechado que reduz os riscos de exposição direta ao sangue e evita contaminação das amostras. Isso permite a coleta de múltiplos tubos por meio de uma única punção.

Já quando a coleta acontece com a utilização de seringa e agulha, a amostra deve ser transferida para os tubos de coleta perfurando-se a rolha do tubo com a agulha da coleta. É importante permitir que o sangue flua para o tubo até cessar espontaneamente, garantindo a relação adequada entre a amostra e os aditivos presentes no tubo.

Para os diferentes exames laboratoriais, existem diferentes tubos para coleta, os quais contêm aditivos que possibilitam a obtenção da amostra mais adequada. Existem aditivos com objetivo de promover a coagulação mais rápida do sangue, enquanto outros estão dentro dos recipientes exatamente para evitá-la. Há também os que estabilizam analitos ou células sanguíneas importantes para a análise. A seguir, apresentamos as funções dos tubos de coleta de sangue de acordo com as cores usadas para identificá-los.

- Tampa azul: contêm citrato de sódio 3,8%, com proporção final sangue/citrato de sódio de 9:1. Esses tubos são usados em coletas para testes que avaliam a coagulação. É muito importante manter a proporção correta de sangue e anticoagulante, pois a falta de citrato na amostra leva à formação de coágulos, e o excesso de citrato leva a erros analíticos.

- Tampa preta: também contêm citrato de sódio 3,8%, contudo, a proporção final sangue/anticoagulante é de 4:1. Esses tubos são específicos para realização do exame de velocidade de hemossedimentação (VHS) pelo método de Westergren.

- Tampa vermelha: têm ativador de coágulo jateado na parede do tubo, o que acelera o processo de coagulação da amostra. O ativador de coágulo (dióxido de silicone) garante que a coagulação se complete em 30 minutos. Utilizados para determinação em soro nas áreas de bioquímica e sorologia.

- Tampa amarela: contêm gel e ativador de coágulo, o gel tem densidade intermediária entre a densidade dos eritrócitos e a do soro e forma uma barreira resistente entre os componentes do sangue e do soro durante a centrifugação. Podem ser utilizados em química clínica, imunologia, eletroforese de proteínas, sorologia, microbiologia e toxicologia.

- Tampa roxa/lilás: possuem ácido etilenodiaminotetracético (EDTA) jateado na parede do tubo. O EDTA é o melhor anticoagulante para a preservação da morfologia celular, sendo, portanto, o anticoagulante recomendado para rotinas de hematologia.

- Tampa verde: contêm heparina de lítio e são ideais para produzir plasma para testes bioquímicos.

- Tampa cinza: apresentam a adição de fluoreto de sódio e EDTA. Esses tubos são utilizados na medição de glicemia, lactato e hemoglobina glicada. O fluoreto impede, por até 24 horas em temperatura ambiente, a glicólise pelas células sanguíneas, e o EDTA é anticoagulante.

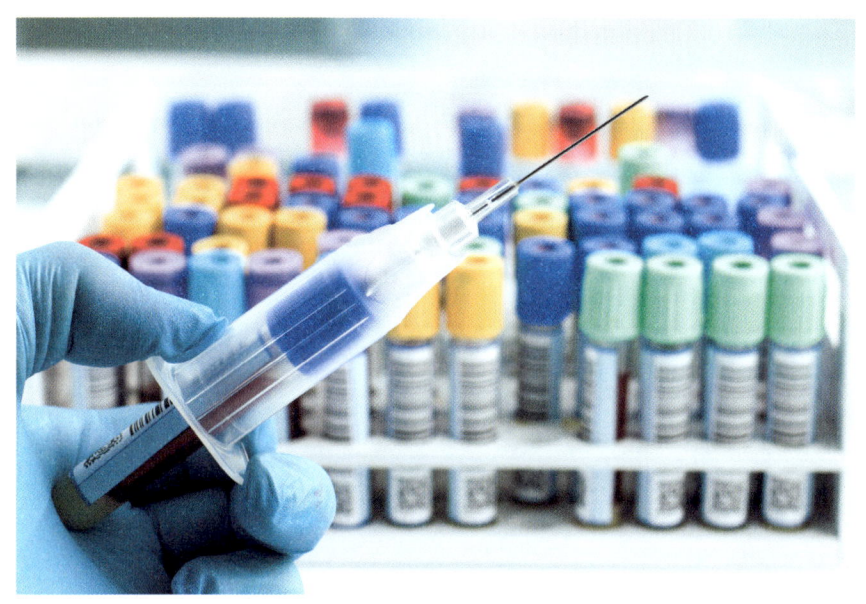

Agulha, adaptador e tubo de coleta conectado ao adaptador. Ao fundo, tubos de coleta de sangue com tampas de diferentes cores.

REGIÕES/LOCAIS PARA COLETA VENOSA

Existem alguns locais para a punção venosa, a escolha é realizada considerando as condições individuais do paciente. O local de preferência é a fossa antecubital, na área anterior do braço em frente e abaixo do cotovelo, local em que se encontra muitas veias relativamente próximas à superfície da pele.

As veias mais evidentes na região antecubital são as veias cefálica, cubital mediana e basílica que podem se distribuir em formato de H ou M. O formato H é o mais recorrente na população, cerca de 70%.

As veias cubital mediana e cefálica são as mais frequentemente utilizadas. Quando não acessíveis, é possível puncionar as veias no dorso da mão, sendo o arco venoso dorsal o mais recomendado por ser mais calibroso, mas as veias metacarpais dorsais também podem ser puncionadas. As veias na parte inferior do punho não devem ser utilizadas pela proximidade com nervos e tendões da região.

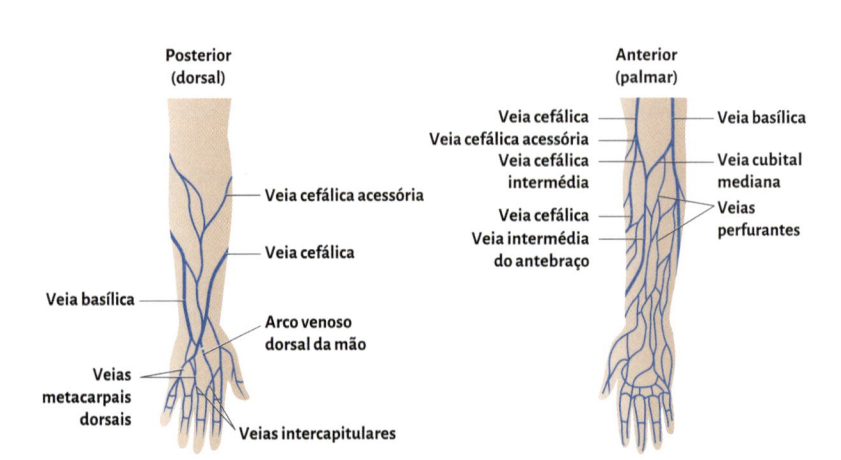

Figura 4.3 – Veias dos braços e das mãos

Locais alternativos, como tornozelos ou extremidades inferiores, podem ser utilizados desde que haja consenso entre o profissional da coleta e o médico responsável pelo paciente, pois há riscos de complicações (flebites, tromboses ou necrose tissular).

Ao realizar as punções, tenha os seguintes cuidados adicionais:

- Não puncione veias em que estão instaladas terapias intravenosas.

- Evite locais com cicatrizes de queimaduras.

- Não colete sangue no mesmo lado em que ocorreu mastectomia, há risco de complicações decorrentes da linfostase (lesão do sistema linfático que se manifesta por violação do fluxo de saída da linfa, enquanto tecidos ou membros aumentam significativamente de volume em razão de edema linfático). Caso seja necessária a punção neste membro, consulte o médico responsável.

- Evite coletas em locais com hematomas, pois pode gerar alterações nos resultados dos exames.

- Fístulas arteriovenosas, enxertos vasculares ou cânulas vasculares não devem ser manipulados por pessoal não autorizado pela equipe médica, para a coleta de sangue.

TÉCNICA PARA EVIDENCIAR A VEIA (TORNIQUETE)

O torniquete é empregado para aumentar a pressão intravascular, o que facilita a palpação da veia e o preenchimento dos tubos de coleta ou da seringa. Sem a aplicação do torniquete, você pode não conseguir priorizar a veia cubital mediana com segurança.

A aplicação do torniquete não deve ultrapassar 1 minuto, pois seu uso prolongado pode gerar estase no local, hemoconcentração e infiltração de sangue para os tecidos, gerando valores falsamente elevados para todos os analitos baseados em medidas de proteínas, alteração do volume celular e de outros elementos celulares.

O uso inadequado do torniquete pode levar à hemólise da amostra que, por sua vez, pode alterar resultados de exames e gerar complicações durante a coleta, como hematomas e formigamento.

PROCEDIMENTO DE COLETA DE SANGUE VENOSO

O procedimento de coleta de sangue venoso deve seguir passos sequenciais para garantir a qualidade da amostra e a segurança do paciente. Os procedimentos apresentados a seguir estão descritos no *Manual de Coleta em Laboratório Clínico* (2023, p. 15-20), publicado pelo Programa Nacional de Controle de Qualidade (PNCQ) e com patrocínio da Sociedade Brasileira de Análises Clínicas (SBAC).

SOLICITAÇÃO DE COLETA DE SANGUE VENOSO

Informações básicas que devem constar na solicitação:

- nome completo do paciente e data de nascimento/idade;
- nome do profissional que solicitou o exame;

- número de identificação no laboratório;
- data e hora da coleta;
- testes solicitados.

PROCEDIMENTO DE COLETA DE SANGUE VENOSO

1. Identifique o paciente.
   - Higienize suas mãos e se apresente ao paciente.
   - Pergunte o nome do paciente para verificar com a solicitação. No caso de crianças ou pacientes inconscientes, pergunte ao acompanhante ou confira o bracelete de identificação.
   - Se o paciente estiver dormindo, deve ser despertado para a coleta. Fique atento para movimentos involuntários em pacientes inconscientes ou semicomatosos. Recomenda-se alguma contenção para a coleta.

2. Verifique a condição de jejum, restrições alimentares, hipersensibilidade ao látex ou ao antisséptico.
   - Verifique se o paciente está em jejum e/ou se cumpriu as restrições alimentares necessárias aos testes.
   - Assegure-se de que o paciente compreenda suas perguntas.

3. Selecione os tubos, agulhas e demais materiais necessários à coleta.
   - Examine tubos e agulhas para possíveis defeitos, e confira o prazo de validade.
   - Selecione o calibre da agulha para a coleta de acordo com a necessidade.
   - Selecione o sistema de coleta (tubos a vácuo ou seringa). Os sistemas a vácuo são preferíveis, pois evitam a transferência do sangue para recipientes e garantem a relação aditivo/amostra.

4. Identifique os tubos ou faça a verificação da identificação.

5. Posicione o paciente corretamente.

    ■ Para a segurança do paciente, a coleta deve ser realizada com o paciente sentado confortavelmente ou deitado.

    ■ A cadeira de coleta deve conter braços para apoio em ambos os lados para facilitar a coleta e prevenir quedas no caso de o paciente perder a consciência.

6. Aplique o torniquete, peça ao paciente que feche a mão e examine o local de coleta para selecionar o local de punção. (Observe a orientação já exposta anteriormente neste capítulo quanto ao torniquete e seleção de local para a punção.)

7. Calce as luvas.

    ■ As luvas devem ser trocadas a cada coleta.

8. Aplique o antisséptico no local de punção e deixe secar.

    ■ Utilize preferencialmente uma compressa de gaze embebida em álcool 70% ou compressas industrializadas.

    ■ Utilize movimentos circulares do centro para a periferia.

    ■ Deixe secar para evitar a hemólise na amostra e a sensação de queimação durante a punção.

    ■ Para coleta de hemocultura, a região deve ser higienizada por cerca de 30 segundos, abrangendo uma área maior do que em coletas normais. Os antissépticos à base de iodo são os recomendados neste caso. Limpe a tampa do vidro de cultura com solução antisséptica. Assegure-se de que a tampa esteja seca antes de introduzir a agulha para transferir o material.

9. Realize a punção.

    ■ Para a coleta com sistemas a vácuo:

- » Enrosque a agulha ao adaptador de acordo com as instruções do fabricante.

- » Segure o braço com firmeza abaixo do local escolhido para a punção. O polegar pode ser utilizado para puxar a pele, firmando a veia escolhida.

- » Comunique ao paciente que a punção está pronta para ser realizada. Esteja atento a qualquer movimento involuntário e/ou perda de consciência.

- » Com o bisel voltado para cima, puncione a veia formando um ângulo de 30º entre a agulha e o antebraço do paciente.

- » Uma vez que o sangue comece a fluir para o tubo, solicite ao paciente para abrir a mão.

- » A recomendação técnica indica que o garrote seja retirado assim que o sangue comece a fluir para o tubo. Entretanto, em algumas situações, esse procedimento pode interromper o fluxo sanguíneo.

- » Permita que o tubo seja preenchido completamente. Para tubos com aditivos, esse procedimento assegura a correta relação entre a amostra e o aditivo.

- » Durante a coleta, o tubo deve estar inclinado para que o sangue escorra para o fundo.

- » Quando o sangue deixar de fluir, desconecte o tubo preenchido e coloque o próximo tubo. Sempre retire o último tubo antes de remover a agulha da veia do paciente.

- » Os tubos com aditivos devem ser misturados imediatamente após a coleta. Vire o tubo delicadamente por 5 a 10 vezes com movimentos leves para evitar a hemólise.

- Para a coleta com seringa e agulha:
  » Garanta que a agulha esteja adequadamente conectada à seringa.
  » Empurre o êmbolo para a frente e para trás para verificar se o movimento é realizado sem qualquer problema.
  » Empurre o êmbolo para a frente até que todo o ar seja eliminado da seringa.
  » Segure o braço com firmeza abaixo do local escolhido para a punção. O polegar pode ser utilizado para esticar a pele, fixando a veia escolhida.
  » Informe ao paciente que a punção está pronta para ser realizada.
  » Com o bisel voltado para cima, puncione a veia formando um ângulo de 30° entre a agulha e o antebraço do paciente.
  » Mantenha a agulha o mais estável possível, aspirando lentamente a quantidade de sangue necessária.
  » Retire o torniquete assim que o sangue começar a fluir.
  » Para transferir o sangue para tubos de coleta, coloque os tubos em um suporte sobre a bancada. Nunca realize a transferência segurando o tubo com as mãos.
  » Puncione a rolha do tubo permitindo que o tubo seja preenchido sem aplicar nenhuma pressão no êmbolo. As rolhas não devem ser removidas para a transferência do sangue para os tubos.
  » Misture os tubos que contenham aditivos.

Figura 4.4 – Punção venosa com seringa e agulha

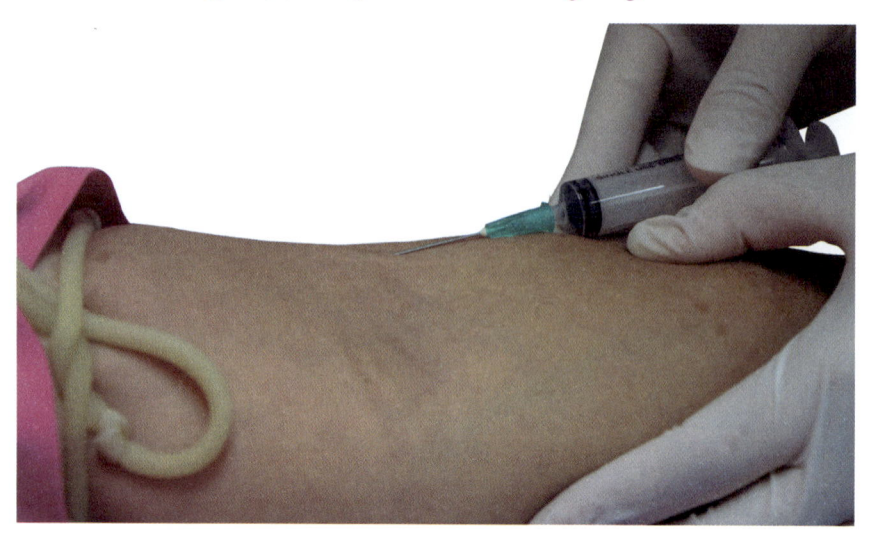

10. Os tubos devem ser trocados ou preenchidos de acordo com a necessidade e obedecendo a ordem de coleta, conforme ilustrado na figura 4.5.

Figura 4.5 – Sequência para a coleta de sangue

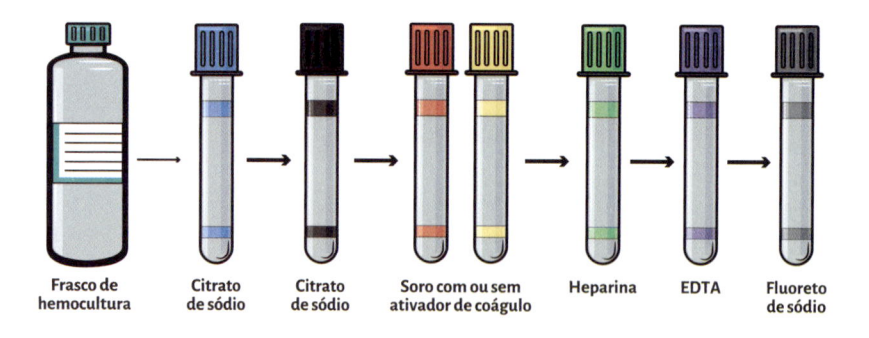

Frasco de hemocultura → Citrato de sódio → Citrato de sódio → Soro com ou sem ativador de coágulo → Heparina → EDTA → Fluoreto de sódio

11. Finalizado o preenchimento dos tubos, remova o torniquete, caso ele não tenha sido removido ainda, e posicione a gaze sobre o local de punção, removendo a agulha e solicitando ao paciente que segure a gaze por um momento. Realize o correto descarte da agulha e solicite que o paciente pressione o local de punção por mais um

momento até ter certeza que o sangramento tenha cessado. Aplique uma bandagem adesiva.

- Oriente o paciente a não dobrar o braço e recomende que a bandagem não seja retirada antes de 15 minutos.

Por fim, lembre-se que a agulha deve ser descartada em um recipiente para material perfurocortante, de fácil acesso e que atenda à legislação sanitária. As agulhas não devem ser recapeadas, amassadas, quebradas ou cortadas nem devem ser removidas das seringas, a menos que seja utilizado um dispositivo de segurança.

IMPORTANTE

Alguns testes de doseamento podem exigir o resfriamento da amostra para diminuir o metabolismo celular. Outras amostras podem precisar de manutenção a 37 °C para evitar aglutinação ou mesmo para proteger a amostra da luz.

De acordo com a Sociedade Brasileira de Patologia Clínica/Medicina Laboratorial (SBPC/ML, 2014), a exposição à luz pode alterar as características de alguns analitos, acelerando sua degradação e influenciando o resultado da análise; é o caso de amostras para dosagem de bilirrubina, betacaroteno, vitamina A, vitamina B6 e porfirinas.

O mercado de produtos laboratoriais disponibiliza tubos com propriedades capazes de bloquear a passagem de luz para o seu interior, a parede do tubo é de coloração âmbar, fotorresistente. Os tubos fotorresistentes devem ser utilizados desde o momento da coleta até o processamento final da amostra.

Quando o laboratório não disponibiliza tubos fotorresistentes, assim que o sangue venoso é coletado, deve-se proteger o tubo da luz com o uso de dispositivos comerciais que envolvam o tubo e que tenham a finalidade de impedir a passagem da luz.

É importante lembrar que todo o processamento e análise desse material deve ser realizado com materiais capazes de bloquear a passagem da luz.

Pacientes com acesso venoso difícil são comumente relatados por profissionais de coleta. Pacientes saudáveis podem ter acesso difícil, mas pacientes pediátricos, geriátricos e em tratamentos oncológicos costumam ser mais impactados com as dificuldades de coleta.

Muita tecnologia surge no mercado para melhorar os acessos aos vasos sanguíneos. Desde aparelhos que facilitam a visualização da rede vascular até tubos adaptados para menor volume de amostra, além da padronização de técnicas para realização de exames em sangue capilar.

ARREMATANDO AS IDEIAS

Neste capítulo, você entrou em contato com materiais e técnicas padronizados para realizar uma boa coleta de sangue venoso, conheceu o procedimento para a coleta de sangue a vácuo e com seringa e agulha, e ainda aprendeu sobre os diferentes tubos de coleta com ou sem anticoagulantes, e a ordem a ser seguida no preenchimento dos tubos para que não ocorra a transferência do aditivo de um tubo para o outro.

É importante lembrar que, independentemente do volume padronizado no tubo e da quantidade de amostra necessária para o exame, a proporção entre os aditivos e o sangue deve ser seguida para a garantia da qualidade do resultado.

Além dos conhecimentos aqui expostos, a vivência prática se faz fundamental para você criar segurança e ser um excelente flebotomista (sim, este é o termo técnico que caracteriza o profissional da coleta!). Releia as descrições das técnicas, inicie seu treinamento, se possível, em modelos anatômicos destinado à coleta de sangue, treine com colegas e confie em você.

CAPÍTULO 5

Coleta de materiais biológicos – urina, fezes e líquidos corporais

O sr. A acaba de ser contratado em uma empresa do ramo alimentício que ele tanto sonhou em trabalhar. Após ter conquistado a vaga, em seu exame admissional, foram solicitados alguns documentos e exames laboratoriais para o início do trabalho.

Entre os exames solicitados, havia o exame parasitológico de fezes. Ansioso para iniciar o trabalho, resolveu que levaria a amostra assim que possível ao laboratório para agilizar o processo. Tão logo conseguiu obter a amostra, embalou todo o conteúdo evacuado em um pote de sorvete bem limpo e o levou ao laboratório.

Chegando lá, ao entregar a amostra ao atendente, este lhe disse que não poderia aceitar aquele material, pois não havia sido obtido e transportado de maneira adequada e isso impedia seu recebimento. O sr. A ficou frustrado com a negativa, pois não conseguiria colher uma nova amostra no mesmo dia e teria que adiar seu início na empresa. Tentou ainda convencer o atendente a aceitar sua amostra, mas sem sucesso.

Casos como este ocorrem com bastante frequência em laboratórios; diversos materiais biológicos são rejeitados por não estarem adequados para as análises. Após aprendermos sobre a coleta de sangue no capítulo anterior, aprofundaremos agora nossos conhecimentos sobre a coleta de outros materiais biológicos comumente solicitados em exames, e, assim, entenderemos a recusa de amostras como a do caso apresentado.

URINA

Para que o exame de urina forneça resultados representativos e confiáveis, é importante que a coleta siga um protocolo bem estabelecido e que sejam utilizados materiais adequados para armazenamento e transporte.

Materiais para coleta de urina

Frasco universal estéril

Amostras de urina devem ser coletadas em um frasco de material inerte, limpo, seco, à prova de vazamento, de material não absorvente e que permita a visualização da cor e do aspecto da urina. Ele deve ter boca larga e base ampla e chata para facilitar a coleta e evitar o tombamento.

Os frascos devem ter capacidade de 80 mL, e é recomendado coletar 50 mL de urina, volume suficiente para possibilitar a realização de pesquisas químicas e microscópicas e eventuais confirmações, sobrando espaço para que a amostra seja homogeneizada no próprio frasco.

Figura 5.1 – Frasco universal estéril

Coletor de urina infantil

O coletor de urina infantil é destinado à coleta de urina em paciente que não possui controle de micção. Assemelha-se a uma bolsa de plástico transparente e maleável com capacidade de 100 mL, tem um furo recortado em formato oval ou redondo envolto com fita adesiva dupla face que, ao ser aberta, cria uma região adesiva que deve ser aderida à pele do paciente para fixar o coletor.

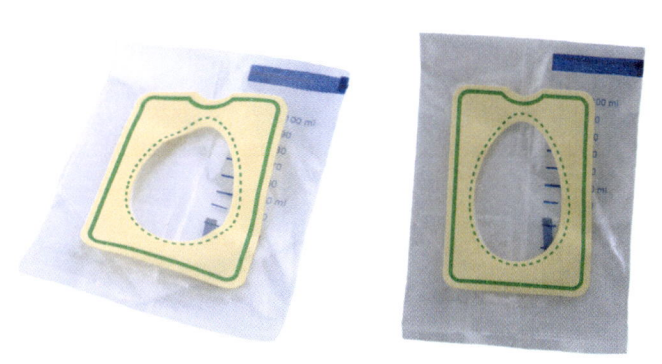

Figura 5.2 – Coletor de urina infantil

Frasco para coleta de urina de 24 horas

Para a coleta de urina de 24 horas, o laboratório deve fornecer frascos de plástico, opacos e de boca larga adequados para conterem de 2 a 3 litros de volume. Esse recipiente deverá estar identificado com o símbolo de risco biológico.

No momento de orientar o paciente, enfatize a importância do armazenamento e transporte ocorrer no recipiente fornecido pelo laboratório, e não em frascos domésticos, como embalagens de refrigerantes vazias, pois pode ocorrer contaminação da amostra.

Figura 5.3 – Frasco para coleta de urina de 24 horas

Procedimento para coleta de urina

Para a coleta do exame de urina de rotina, há instruções específicas recomendadas pela Associação Brasileira de Normas Técnicas (ABNT), por meio da NBR 15.268 (ABNT, 2005), para o sexo masculino e feminino. Inicialmente, identifique o frasco de coleta (frasco universal estéril), colocando o nome do paciente, a data e o horário de coleta. Depois, passe as orientações a seguir.

Pacientes com genitália masculina devem:

1. Lavar bem as mãos com água e sabão.

2. Retrair o prepúcio para expor o meato uretral.

3. Lavar a glande com água e sabão, começando pelo meato uretral.

4. Enxugar com gaze ou toalha, a partir do meato uretral.

5. Com uma das mãos, manter o prepúcio retraído; e com a outra, segurar o frasco de coleta de urina já destampado.

6. Iniciar a micção no vaso sanitário, para desprezar o primeiro jato de urina.

7. Coletar a urina do jato médio no frasco até mais ou menos um terço ou a metade da capacidade do frasco.

8. Desprezar o restante de urina no vaso sanitário.

9. Fechar o frasco de coleta.

10. Entregar o frasco para a pessoa que está realizando o atendimento.

Pacientes com genitália feminina devem:

1. Lavar bem as mãos com água e sabão.

2. Fazer a higiene da região genital com água e sabão, sempre no sentido de frente para trás. Remover totalmente quaisquer resíduos de pomadas, pós e cremes vaginais eventualmente utilizados.

3. Enxugar toda a região genital com gaze ou toalha, sempre no sentido de frente para trás.

4. Separar os grandes lábios, limpar o meato uretral e a região ao redor da uretra.

5. Com uma das mãos, manter os grandes lábios separados; e com a outra, segurar o frasco de coleta de urina já destampado.

6. Iniciar a micção no vaso sanitário, para desprezar o primeiro jato de urina.

7. Coletar a urina do jato médio no frasco até mais ou menos um terço ou a metade da capacidade do frasco.

8. Desprezar o restante de urina no vaso sanitário.

9. Fechar o frasco de coleta.

10. Entregar o frasco para a pessoa que está realizando o atendimento.

Caso a coleta ocorra em ambiente domiciliar, oriente o paciente para encaminhar o frasco ao laboratório no prazo máximo de 2 horas, mantendo-o em local fresco e ao abrigo da luz.

Para a coleta de urina de pacientes que não têm controle da micção, pode-se realizar o procedimento com saco coletor, que são sacos plásticos transparentes, estéreis, macios e com dispositivo adesivo hipoalergênico para sua fixação.

As orientações para pacientes com genitália masculina são:

1. Identifique o saco coletor com o nome do paciente e a data, e proceda à higienização da região genital masculina como descrito anteriormente.

2. Certifique-se de que as regiões genital e perineal estejam secas.

3. Retire o papel que cobre a área aderente do coletor.

4. Fixe o saco coletor na área genital de modo que o pênis permaneça no seu interior.

5. Aguarde que ocorra a micção espontânea. Se não ocorrer micção em um prazo de 60 minutos, retire o saco coletor e repita o procedimento com um novo saco.

6. Ocorrendo a micção, retire o saco coletor, vede-o adequadamente, coloque o horário da coleta e dê o devido encaminhamento da amostra.

As orientações para pacientes com genitália feminina são:

1. Identifique o saco coletor com o nome da paciente e a data, e proceda a higienização da região genital feminina como descrito anteriormente.
2. Certifique-se de que as regiões genital e perineal estejam secas.
3. Retire o papel que cobre a área aderente do coletor.
4. Fixe o saco coletor na área genital, esticando a pele para remover as dobras, cuidando para que a região anal fique fora da área de coleta.
5. Aguarde que ocorra a micção espontânea. Se não ocorrer micção em um prazo de 60 minutos, retire o saco coletor e repita o procedimento com um novo saco.
6. Ocorrendo a micção, retire o saco coletor, vede-o adequadamente, coloque o horário da coleta e dê o devido encaminhamento da amostra.

As coletas de urina para cultura de paciente com genitália feminina devem ser realizadas sob supervisão de profissionais treinados para evitar possíveis contaminações. Os pacientes não devem estar em tratamento com antibióticos, e, caso estejam, esta informação deve constar no cadastro com especificação do nome do antibiótico, dosagem e tempo em que está sob o tratamento.

Procedimento para coleta de urina de 24 horas

Esse procedimento consiste em coletar, em frasco limpo e seco, todo o volume de urina produzido em 24 horas. A coleta deve iniciar logo após a primeira micção do dia e encerrada com a primeira micção do dia seguinte. A coleta acontece em ambiente doméstico, e o paciente deve receber as seguintes orientações:

1. Realize a primeira micção do dia no vaso sanitário, não coletando esta urina. Anote o horário desta micção no frasco de coleta fornecido pelo laboratório.

2. A partir deste horário, faça rigorosamente a coleta de todas as urinas (sem perder nenhum volume) no frasco fornecido pelo laboratório, inclusive as da noite.

3. As amostras devem ser preservadas em refrigeração (4 a 8 ºC, na geladeira) durante o período de coleta, para assim garantir a estabilidade da amostra até o momento da análise.

4. Após 24h, no mesmo horário de início das coletas do dia anterior, urine pela última vez no frasco.

5. Leve a urina assim que possível ao laboratório.

IMPORTANTE

A coleta de urina em paciente que faz uso de sonda vesical de demora deve ser realizada por profissional capacitado a manusear tal dispositivo. O laboratório recebe a urina já coletada e realiza os exames solicitados.

FEZES

As orientações para a coleta de fezes variam de acordo com o tipo de exame a ser realizado: parasitológico, avaliação das funções metabólicas, microbiológico e pesquisa de sangue oculto.

Coleta de fezes para exame parasitológico e avaliação das funções metabólicas

A pesquisa de parasitas nas fezes é o exame mais solicitado quando o material em questão é fezes. Para esta análise, as fezes devem ser coletadas por defecação natural, evitando o uso de substâncias ou procedimentos laxativos.

Geralmente, é solicitada a análise de três amostras de fezes em dias alternados para aumentar a sensibilidade do teste. Deve-se evitar a contaminação das fezes com urina, sangue menstrual, medicamentos utilizados na região perianal, laxantes e soluções desinfectantes utilizados no local da coleta.

Na maioria das vezes, as fezes são coletadas em ambiente doméstico. Para a coleta, os laboratórios devem fornecer ao paciente: coletor universal de plástico com tampa de rosca (não há necessidade de ser estéril) ou recipiente específico para exame parasitológico comercializado com conservante e sistema de preparo da amostra.

Em ambos os casos, oriente o paciente a evacuar em um recipiente seco e limpo e depois transferir o material para o recipiente fornecido. Se o laboratório utilizar o coletor universal de plástico, o paciente deve preencher um terço do volume do recipiente com fezes. Quando refrigerada, a amostra deve ser encaminhada no período máximo de 12 horas após a coleta – não se deve congelá-la.

Quando o laboratório fornecer o recipiente específico para exame parasitológico, o paciente deve pegar as fezes com a pazinha e preencher a cesta do recipiente, fechar bem o frasco e mexer o líquido até dissolver totalmente a amostra. O frasco deve ser encaminhado para o laboratório assim que possível, não sendo necessário conservar em geladeira. O paciente deve ser orientado a não entrar em contato com o líquido conservante do recipiente; caso o contato aconteça, deve-se lavar a região com água em abundância.

Se o paciente fizer uso de fralda, as fezes devem ser coletadas diretamente da fralda quando não houver urina e imediatamente após a evacuação.

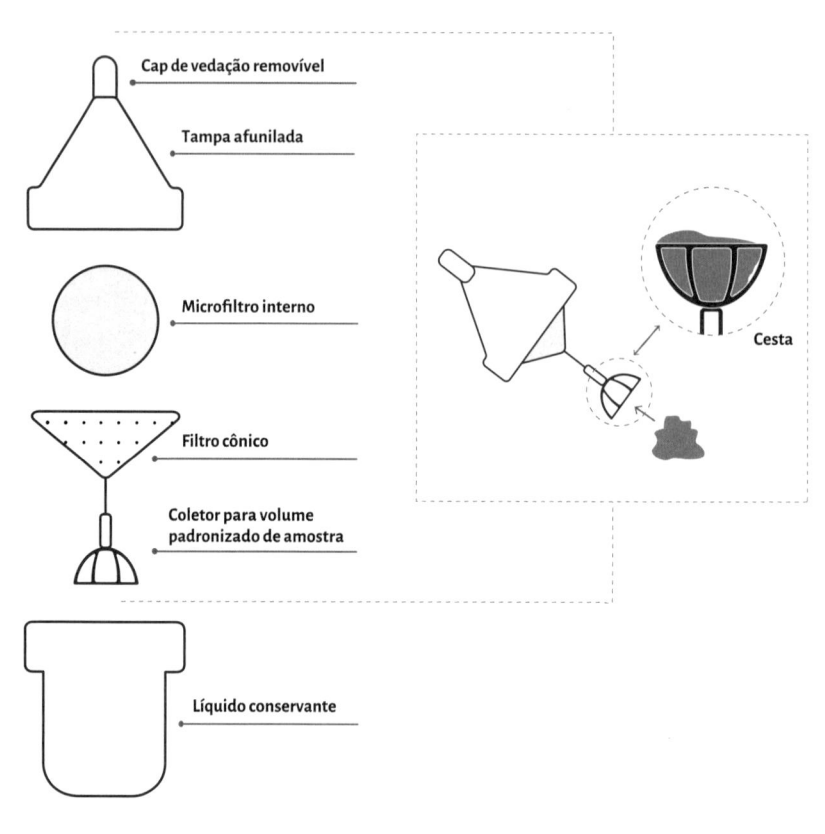

Figura 5.4 – Coletor de fezes para exame parasitológico

- Cap de vedação removível
- Tampa afunilada
- Microfiltro interno
- Filtro cônico
- Coletor para volume padronizado de amostra
- Líquido conservante
- Cesta

Fonte: adaptado de NL Diagnóstica [s. d.].

Para a avaliação das funções metabólicas, que consiste em exame de tripsina e gorduras fecais, as fezes devem ser enviadas para o laboratório em frasco seco, coletor universal de plástico com tampa de rosca sem a adição de conservantes ou qualquer outra substância.

Coleta de fezes para exame microbiológico

As amostras destinadas à pesquisa microbiológica devem ser distintas das para o exame parasitológico. A evacuação deve ser feita em recipiente seco e limpo, e as fezes (cerca de uma colher de sobremesa) devem ser transferidas para um frasco com o meio para transporte (Cary-Blair ou salina glicerinada tamponada) fornecido pelo próprio laboratório. O paciente deve ser orientado a selecionar, preferencialmente, as porções mucosas e sanguinolentas. Deve-se marcar o horário da coleta da amostra e encaminhar para o laboratório o mais breve possível, mantendo em temperatura ambiente.

Coleta de fezes para pesquisa de sangue oculto

O exame de sangue oculto nas fezes visa identificar, de maneira não invasiva, sangramentos no sistema digestório. As amostras devem ser colhidas em frasco seco, coletor universal de plástico com tampa de rosca sem a adição de conservantes ou qualquer outra substância.

O paciente deve ser orientado a realizar dieta alimentar antes da coleta do material, pois alguns alimentos podem interferir no resultado do exame e devem ser evitados, como beterraba, espinafre, brócolis, couve-flor, nabo, melão e quaisquer outros alimentos com alta atividade de peroxidase.

A coleta é desaconselhada quando o paciente apresenta sangramentos na boca, gengivas, língua, nariz, ânus ou vagina, até mesmo menstruação. Recomenda-se executar a análise em, no máximo, uma hora após a coleta.

FLUIDO SEMINAL

A coleta do fluido seminal, esperma ou sêmen, é um procedimento não invasivo e sem riscos ao paciente. Por meio dessa amostra, além de realizar espermocultura, é possível quantificar e qualificar os espermatozoides – cada um desses exames requer cuidados específicos durante a coleta. O procedimento de coleta de sêmen é padronizado pela Organização Mundial da Saúde (WHO, 2021), conforme descrevemos a seguir.

O sêmen deve ser coletado no laboratório e diretamente em frasco fornecido pelo estabelecimento (frasco universal estéril), em casos excepcionais pode ser coletado em domicílio e encaminhado imediatamente ao laboratório ou até mesmo em preservativo específico para essa coleta.

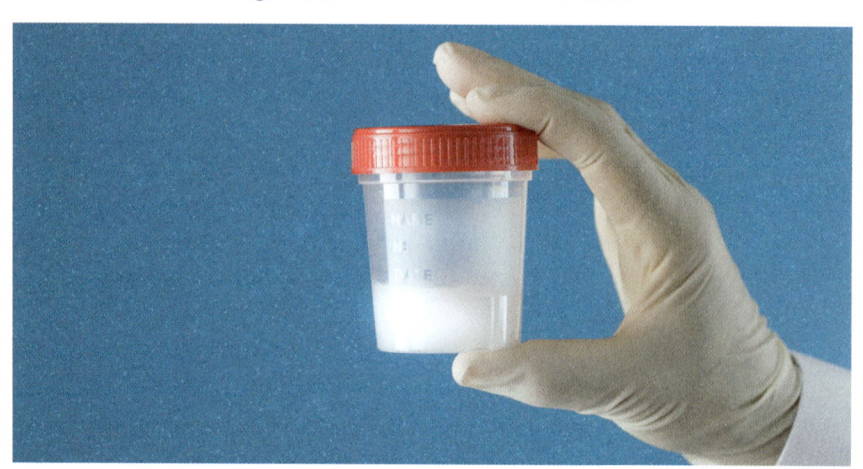

Figura 5.5 – Coletor com fluido seminal

Coleta de fluido seminal para espermograma

A coleta de fluido seminal deve ser realizada no laboratório, em sala reservada e ambientada para isso. O paciente deve manter abstinência sexual por pelo menos 2 dias e no máximo por 7 dias, não é necessário jejum.

O paciente deve receber orientações claras, orais ou escritas, sobre a coleta. O fluido seminal precisa ser coletado em sua totalidade e qualquer perda deve ser informada. A amostra deve ser obtida por meio da masturbação e ejaculada no recipiente fornecido pelo laboratório. Deve-se anotar o horário da coleta no frasco e encaminhá-lo para análise imediatamente após a coleta.

Coleta de fluido seminal para espermocultura

A coleta de fluido seminal para espermocultura deve acontecer de maneira semelhante da que acontece para o espermograma, atentando-se aos cuidados para não contaminar a amostra com microrganismos presentes em fontes diversas ao fluido seminal, como organismos comensais da pele.

Oriente o paciente a urinar antes da coleta, lavar as mãos e o pênis com sabão, enxaguar o sabão, secar as mãos e o pênis com uma toalha descartável e realizar a coleta do fluido seminal por meio da masturbação e ejaculação em recipiente estéril fornecido pelo laboratório.

ESCARRO

O escarro é uma secreção proveniente da árvore brônquica, obtida após esforço de tosse, e é facilmente contaminada com secreções da faringe, do nariz e com a saliva. A fim de assegurar a qualidade da amostra, o paciente deve ser orientado a inspirar profundamente, segurar o ar por alguns instantes e forçar acesso de tosse, lançando o material expectorado diretamente no pote coletor universal de plástico, com boca larga, tampa de rosca e estéril.

Alguns protocolos analíticos indicam a análise em mais de uma amostra para que se obtenha maior confiabilidade no resultado, assim, a recomendação é que uma amostra seja coletada no laboratório em horário aleatório e uma segunda amostra em jejum. Ao acordar pela manhã, o paciente deve lavar bem a boca, inspirar profundamente, reter o ar nos pulmões por um instante e soltá-lo com o esforço da tosse. Deve-se repetir esse processo até obter três eliminações de escarro, evitar que escorra pela parede externa do pote.

O volume ideal de amostra é de 5 a 10 mL. O envio da amostra ao laboratório deve ser realizado o mais breve possível, não podendo ultrapassar 24 horas entre a coleta e o processamento da amostra, que deve ser mantida em temperatura ambiente.

LÍQUIDO CEFALORRAQUIDIANO E OUTROS LÍQUIDOS CORPÓREOS

Na rotina dos laboratórios de análises clínicas, existem materiais biológicos que têm a coleta sob responsabilidade de outros profissionais. O laboratório recebe a amostra já coletada, qualifica e processa.

O líquido cefalorraquidiano ou liquor é um exemplo de amostra que é coletado exclusivamente por profissional médico habilitado obedecendo a técnica de punção lombar. São coletados de 3 a 5 mL, condicionados em tubo estéril e à temperatura ambiente. Em virtude da natureza do material, não se recomenda nenhum tipo de estocagem da amostra e deve ser mantido em temperatura ambiente e encaminhado o mais breve possível para processamento pelo laboratório.

Os líquidos corpóreos, como sinovial, pleural, peritoneal (abdominal, ascite ou paracentese), pericárdico e amniótico (amniocentese), também devem ser coletados por profissional médico habilitado. Tais coletas são realizadas por meio de punção com seringa e uma agulha fina, em um tubo seco, estéril, contendo ou não anticoagulante EDTA, ou pode ser enviado na própria seringa, desde que esta esteja com a agulha vedada. As amostras devem ser encaminhadas para o processamento no período máximo de 12 horas após a coleta.

DICA

Além das possibilidades apresentadas aqui, o mercado sempre traz novidades que auxiliam o nosso fazer profissional. Você conhece a coleta de saliva domiciliar para a realização de exames?

O produto consiste em um pedaço de algodão preparado para que o paciente coloque na boca por alguns minutos, absorvendo a saliva que poderá ser usada para vários experimentos biológicos, como hidrólise enzimática, PCR e sequenciamento de próxima geração. É amplamente utilizado na coleta e preservação de espécimes em hospitais, instituições de pesquisa científica e residências. Com este dispositivo, o processo de coleta é indolor e não causa nenhuma lesão ou desconforto ao paciente.

Figura 5.6 – Variedade de frasco para coleta de líquidos corpóreos

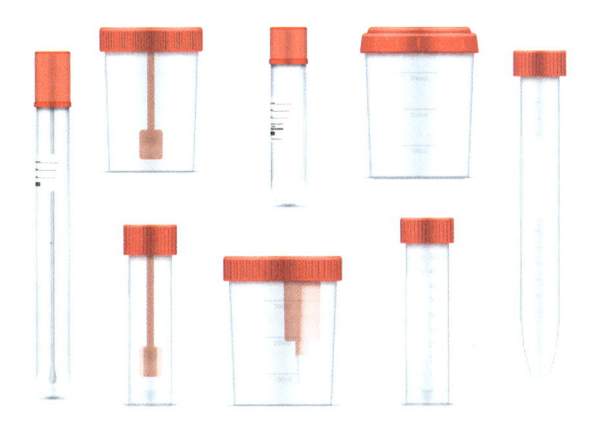

ARREMATANDO AS IDEIAS

As coletas de materiais biológicos compõem a fase pré-analítica dos exames laboratoriais e devem ser realizadas por profissionais continuamente treinados. Os erros pré-analíticos podem ocorrer de diversas maneiras, como identificar incorretamente o paciente, realizar a coleta na ordem incorreta dos tubos, utilizar o aditivo inadequado, fazer a rotulação de maneira inapropriada, realizar o teste fora do período adequado e cometer erros burocráticos. Evitar erros é salutar para o diagnóstico e prognóstico dos pacientes.

Neste capítulo, você foi orientado sobre a coleta de diferentes materiais biológicos: urina, fezes, fluido seminal, escarros e outros. Cada material e cada exame exige cuidados específicos no momento da coleta e acondicionamento. Garantir a qualidade da coleta é tão importante quanto garantir qualidade no momento dos testes.

CAPÍTULO 6

Preparo de amostras biológicas

O que acontece com os materiais coletados no laboratório depois que o paciente vai embora?

Rotina de preparo de amostras biológicas.

Nem todos os exames são realizados no laboratório em que foram coletadas as amostras, alguns são enviados para laboratórios de apoio. Existe uma logística específica para o preparo e transporte de materiais biológicos, portanto, é necessário atentar-se às normas de biossegurança durante o transporte e de segurança da amostra para que não ocorra falseamento nos resultados.

Algumas análises demandam aparelhos ou reagentes muito específicos, o que não viabiliza a execução em todos os postos analíticos. No entanto, é frequente encontrarmos postos de coleta em que as amostras são colhidas, preparadas e enviadas para laboratórios de apoio, que executam os exames. Assim, os órgãos regulatórios padronizam regras para a separação e transporte de amostras biológicas.

Se de um lado existem os laboratórios que enviam os materiais, do outro lado, temos o laboratório que recebe as amostras e que precisa garantir a biossegurança e a qualidade dos resultados emitidos.

Neste último capítulo, entenderemos juntos as padronizações envolvidas em mais estas etapas da fase pré-analítica e teremos maiores condições de executar os processos com segurança e qualidade.

ANTICOAGULANTES

Conforme já apresentado no capítulo 4, para a realização de exames que exigem a utilização de sangue total ou plasma, a amostra é coletada em tubos aditivados com anticoagulantes. Esses aditivos são inibidores da coagulação sanguínea, o que propicia a obtenção do sangue total para as análises que requerem a utilização de todos os componentes sanguíneos preservados de maneira mais semelhante possível ao que está na corrente sanguínea *in vivo*, ou a obtenção de plasma que é obtido após a separação da parte líquida das células sanguíneas. Nesta amostra, há a preservação das proteínas pró-coagulação.

Hemostasia

A hemostasia do organismo humano garante o equilíbrio entre a perda excessiva de sangue decorrente de lesões vasculares no endotélio e a formação de coágulos intravasculares em razão de coagulação excessiva. Esse sistema é composto por plaquetas, vasos, proteínas de coagulação do sangue, anticoagulantes naturais e sistema de fibrinólise (Fleury, [s. d.]). O equilíbrio da hemostasia se dá por diversos mecanismos, como interações entre proteínas, respostas celulares complexas e regulação de fluxo sanguíneo (Fleury, [s. d.]).

Coagulação

O processo final da coagulação consiste na formação da rede de fibrina no local da lesão para que a integridade vascular seja mantida. A formação do coágulo de fibrina depende da ativação de eventos interdependentes que culminam na gênese da enzima trombina (ou fator II ativado) que, por proteólise, converte o fibrinogênio solúvel em fibrina insolúvel (Fleury, [s. d.]).

Reações sucessivas acontecem desde o evento desencadeante da coagulação até a formação do coágulo, esses eventos são denominados de "cascata de coagulação". O atual modelo da cascata de coagulação baseado nas superfícies celulares foi proposto em 2010 para substituir a hipótese tradicional da "cascata" (Ferreira *et al.*, 2010). Esse modelo propõe que a ativação do processo de coagulação ocorre sobre diferentes superfícies celulares em quatro fases que se sobrepõem: iniciação, amplificação, propagação e finalização.

Esse modelo destaca a importância das plaquetas na coagulação, que se tornam ativadas e liberam o conteúdo dos grânulos citoplasmáticos, formando um tampão que fornece a superfície adequada ao processo de coagulação do sangue.

Anticoagulantes utilizados na coleta de sangue

Os anticoagulantes são substâncias que impedem a coagulação do sangue e são essenciais para a coleta de amostras de sangue em laboratórios de análises clínicas. Eles atuam interrompendo a ativação do processo de coagulação, inibindo a formação da protrombina e impossibilitando a formação do coágulo.

Alguns tubos de coleta de sangue possuem substâncias anticoagulantes em seu interior. No entanto, a proporção correta entre o anticoagulante e o sangue é crucial para garantir a eficácia do anticoagulante e evitar alterações nos resultados dos exames. Quando um tubo é preenchido com sangue em uma quantidade inferior à necessária, a proporção sangue-anticoagulante é alterada, resultando em uma maior concentração do anticoagulante e interferindo no resultado do exame.

Existem diferentes tipos de anticoagulantes usados em tubos de coleta de sangue, cada um com seu próprio mecanismo de ação:

- EDTA (ácido etilenodiaminotetracético/tampa roxa ou lilás): este anticoagulante age quelando o cálcio, um íon essencial para a coagulação do sangue. O EDTA é ideal para exames hematológicos, pois preserva a morfologia das células. As substâncias adicionais a estes tubos são o EDTA K2 (líquido ou pó) ou o EDTA K3 (líquido) na concentração de 2 mg/mL de sangue que não interferem no volume globular ou na forma das células sanguíneas.

- Citrato de sódio (tampa azul): o citrato de sódio é utilizado em solução tamponada a 3,2% (0,109 mol/L) que, ao ser adicionado no sangue, mantém a proporção 1:8 entre o anticoagulante e o sangue. As superfícies internas do tubo são tratadas com citrato de sódio na forma de gás, o que impede a ativação da coagulação pelo ar atmosférico. Esses tubos são utilizados para teste dos mecanismos de coagulação sanguínea, como o tempo de protrombina (TP) e o tempo de tromboplastina parcial ativada (TTPA).

IMPORTANTE

Tubos com citrato de sódio também são utilizados para a realização de exame de VHS (velocidade de hemossedimentação), porém a relação final entre o anticoagulante e o sangue é 1:4, e o tubo tem tampa preta.

- Fluoreto de sódio (tampa cinza): são utilizadas duas substâncias, o EDTA, com ação anticoagulante, e o fluoreto de sódio, que inibe a enzima glicose-desidrogenase bloqueando o metabolismo da glicose, assim este tubo é o ideal para a análise de açúcar no sangue (glicemia), de tolerância a açúcares, de anti-hemoglobina alcalina, de teste de hemólise pela sacarose e para eletroforese de hemoglobina.

- Heparina (tampa verde): é adicionada aos tubos heparina sódica ou lítica em concentrações entre 12,5 e 17,5 UI/mL. A heparina inibe a formação da fibrina por ativar antitrombinas que bloqueiam a ação da trombina. São utilizados para exames bioquímicos e enzimáticos, e não interferem na dosagem de cálcio. As amostras coletadas em heparina são estáveis por 6 horas em temperatura ambiente.

Todos os tubos contendo aditivos, exceto citrato de sódio, devem ser homogeneizados gentilmente por inversão de 5 a 8 vezes para assegurar a mistura adequada da amostra e do aditivo. Os tubos contendo citrato devem ser invertidos apenas por 3 ou 4 vezes.

Portanto é fundamental que os profissionais de saúde entendam os mecanismos de ação dos anticoagulantes e as proporções corretas para garantir a precisão dos resultados dos exames laboratoriais.

CENTRIFUGAÇÃO

As amostras de soro ou plasma para as análises laboratoriais devem ser isoladas da interação com as células do sangue o quanto antes para prevenir mudanças nos achados, exceto se pesquisas demonstrarem que essa interação prolongada não interfira nos desfechos dos testes requisitados (Kneip Fleury, 2019).

A rotação e a suspensão do soro ou do plasma em até duas horas depois da obtenção da amostra é o método aconselhado para conservar a estabilidade do espécime por intervalos mais extensos (Kneip Fleury, 2019). Para exames em que se utiliza soro ou plasma, a centrifugação é utilizada para a obtenção das amostras. O tempo e a velocidade para a correta separação das amostras devem ser descritos nos procedimentos operacionais do laboratório, pois pode haver variações na dependência dos equipamentos e reagentes utilizados.

De maneira geral, a obtenção de soro ou plasma para exames bioquímicos acontece com o processo de centrifugação a 3.000 rpm (rotações por minuto) por 10 minutos. Contudo, para a separação do plasma obtido em citrato de sódio para testes de coagulação sanguínea, recomenda-se a centrifugação por 15 minutos com velocidade entre 3.000 e 3.500 rpm.

Para a obtenção do soro, a amostra deve estar totalmente coagulada antes da centrifugação. Não se deve abrir nem agitar o tubo durante o processo de coagulação. A formação do coágulo é retardada em baixas temperaturas.

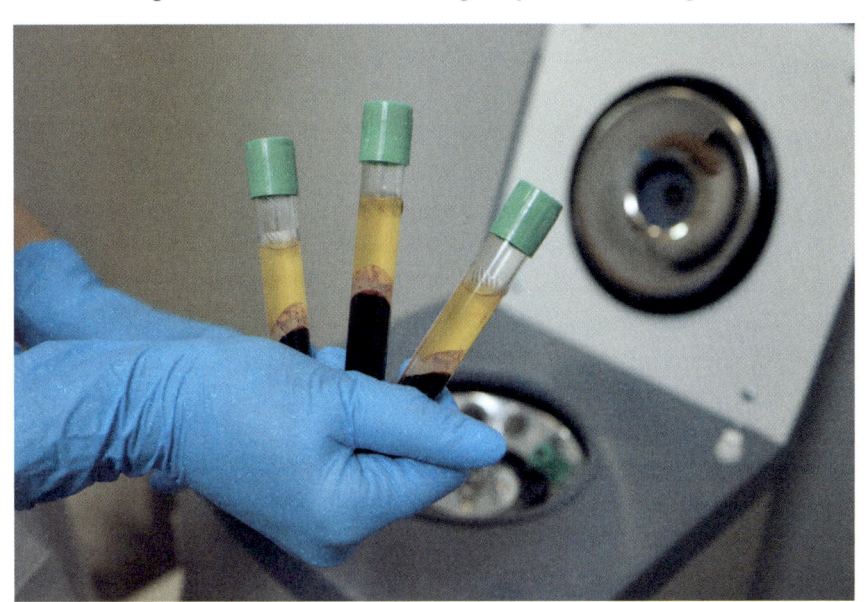

Figura 6.1 – Tubos de coleta com gel separador centrifugado

As amostras para dosagem de glicose podem ser coletadas em fluoreto de sódio, este aditivo mantém as concentrações de glicose estáveis por 24 horas à temperatura ambiente (25 °C) e por 48 horas entre 4 e 8 °C.

SEPARAÇÃO E ALIQUOTAGEM DE AMOSTRAS

O processo de separação de amostras acontece no setor de triagem do laboratório e consiste na retirada do plasma ou soro do tubo de coleta após a centrifugação. Esse processo deve acontecer assim que possível, pois o contato do plasma ou soro com as hemácias pode degradar as substâncias que serão analisadas.

O soro ou plasma pode permanecer em temperatura ambiente (25 °C) por no máximo 8 horas. Caso os testes não possam ser realizados nesse período, a amostra deve ser refrigerada (2 a 8 °C).

Quando se obtém, de um mesmo tubo de coleta, material para mais de um setor do laboratório ou quando o exame for realizado em laboratório de apoio, ocorre a aliquotagem da amostra. Pode-se aliquotar a amostra para quantos tubos forem necessários, respeitando a quantidade mínima de amostra para a realização do exame.

É de fundamental importância a correta identificação das alíquotas, tanto com os dados do paciente como com o encaminhamento da amostra.

TRANSPORTE DE AMOSTRAS

O transporte de amostras biológicas pode acontecer entre setores do mesmo laboratório, entre posto de coleta e laboratório, entre o laboratório que coletou o material e o laboratório de apoio ou em demais situações específicas. Assim, como o tempo de transporte pode variar demasiadamente, deve-se obedecer às especificações que variam de acordo com o exame solicitado e o tempo em transporte.

No caso de transporte entre os setores do mesmo laboratório, as amostras devem ser levadas em contêineres plásticos adequados a esta finalidade o mais rápido possível e em temperatura ambiente, a menos que o resfriamento da amostra seja recomendado. Os tubos devem ser mantidos na posição vertical e tampados, possibilitando a completa formação do coágulo e redução na agitação do tubo, o que diminui a possibilidade de hemólise.

Quando o transporte acontecer entre unidades distantes, a temperatura dentro da embalagem e o tempo entre coleta, processamento e análise da amostra podem resultar na deterioração do material e acarretar possíveis erros analíticos. Os laboratórios, respeitadas as especificações técnicas vigentes da Agência Nacional de Vigilância Sanitária (Anvisa), devem estabelecer os processos para acondicionamento e transporte de amostras, assim como os processos para recebimento de amostras obtidas em ambiente externos.

O transporte deve ser realizado, para garantir a segurança, em sistema de tripla embalagem, padronizado pela International Air Transport Association (IATA) e pela Organização das Nações Unidas (ONU), além de ser recomendado pela Organização Mundial da Saúde (OMS). O acondicionamento das amostras deve ser individual em sacos plásticos para evitar a contaminação de outras amostras em caso de acidentes, preenchimento de ⅓ do volume da caixa térmica de transporte com gelo reciclável, e identificação do laboratório de origem e de destino na tampa ou lateral da caixa. As caixas com as amostras devem ser acondicionadas em área separada dos passageiros, e o motorista deve ser treinado para procedimentos de segurança em caso de acidentes.

IMPORTANTE

As substâncias infectantes, quando em transporte, são classificadas em duas categorias. Na categoria A, estão as substâncias que podem causar incapacidade permanente com risco de morte ou doença fatal em humanos saudáveis (UN 2814) ou em animais saudáveis (UN 2900); e na categoria B, estão as substâncias que não se enquadram na categoria A (UN 3373). A classificação deve ser exposta na embalagem externa da caixa de transporte.

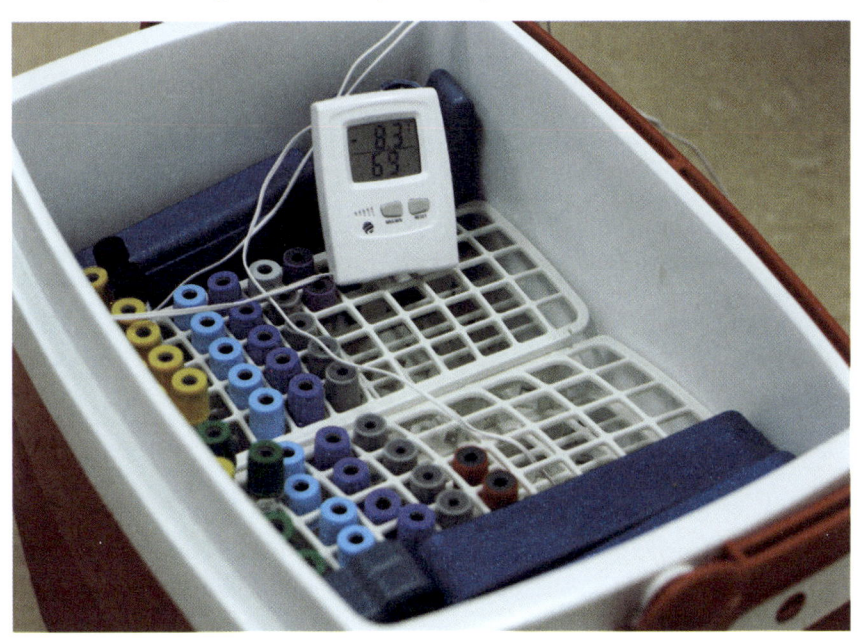

Figura 6.2 – Caixa para transporte de amostras

CRITÉRIOS PARA ACEITAÇÃO E REJEIÇÃO DE AMOSTRAS BIOLÓGICAS

Segundo o manual de controle de qualidade do Programa Nacional de Controle de Qualidade (Kneip Fleury, 2019), o laboratório clínico deve ter procedimento que especifique os critérios de avaliação e rejeição das amostras. As amostras de sangue devem ser rejeitadas quando observado a falta de identificação, coleta realizada em frasco não apropriado para o exame solicitado, volume insuficiente e armazenamento inadequado. As amostras hemolisadas, lipêmicas e ictéricas devem ser avaliadas quanto à interferência que causam nos resultados.

A causa mais frequente de rejeição de amostras é a hemólise. A hemólise é provocada pela ruptura das membranas das hemácias e consequente liberação de seu conteúdo interno caracterizado pela coloração avermelhada do soro ou plasma.

As principais causas para a hemólise são:

- punções repetidas;
- uso prolongado de torniquete;
- veias finas ou frágeis;
- falhas no processamento de separação e estocagem da amostra;
- diâmetro da agulha inadequado;
- contaminação de álcool da pele para a amostra;
- exposição da amostra a temperaturas extremas;
- centrifugação a alta velocidade; e
- transporte inadequado.

As amostras lipêmicas são as que apresentam um aumento lipídico (triglicerídeos), a amostra se apresenta opaca ou turva e pode ser resultante de alterações metabólicas ou tempo de jejum prolongado antes da coleta.

O jejum prolongado resulta na mobilização das reservas lipídicas para a corrente sanguínea. A lipemia pode interferir na realização de exames que usam metodologias colorimétricas ou turbidimétricas.

Já a amostra ictérica é associada ao aumento de bilirrubina no sangue. A bilirrubina é um pigmento amarelo-esverdeado produzido pelo organismo quando ocorre a degradação das hemácias. A bilirrubina é excretada fisiologicamente pelas fezes; quando sua excreção não acontece de maneira adequada, ocorre um aumento de sua concentração no sangue, acarretando o surgimento da icterícia. O soro ou plasma apresenta-se com coloração amarelo brilhante.

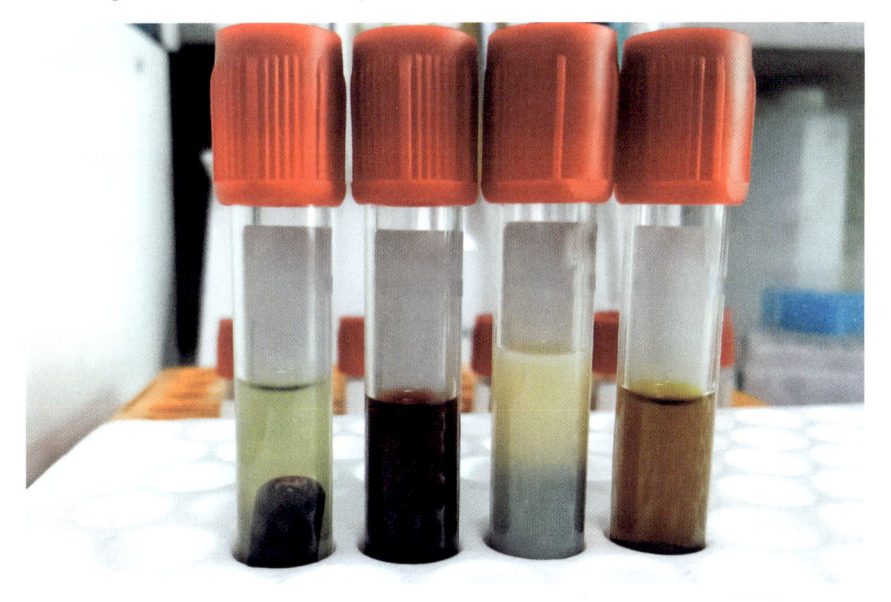

Figura 6.3 – Tubos com sangue normal, hemolisado, lipêmico e ictérico

Amostras hemolisadas interferem no resultado de diversos exames laboratoriais, como as dosagens de potássio, colesterol-LDH, proteínas creatina quinase (CK) e CK-MB, entre outros. Amostras lipêmicas interferem na contagem de leucócitos, plaquetas e eritrócitos, e elevam muito a dosagem de hemoglobina. A coloração avermelhada ou amarelada ou a opacidade da amostra interfere na absorbância por espectrometria. Alguns fabricantes de reagentes laboratoriais sugerem estratégias técnicas para minimizar o impacto das amostras hemolisadas, lipêmicas e/ou ictéricas nos resultados laboratoriais; quando o laboratório adota essas medidas, ele deve informar no laudo essa ocorrência.

Em relação às amostras de urina, as orientações para a aceitação dessas amostras consistem na correta identificação no recipiente, respeito ao protocolo de coleta, volume adequado, ausência de contaminação fecal ou vaginal, conservação adequada e em frasco fornecido pelo laboratório.

Já as amostras de fezes devem ser aceitas quando corretamente identificadas, em frasco fornecido pelo laboratório, obtidas após preparo adequado do paciente (quando necessário) e ausentes de contaminação com urina ou com outros materiais.

Por fim, as amostras de secreções, exsudatos, transudatos e líquidos biológicos podem ser rejeitadas por falta de identificação, volume insuficiente para o exame solicitado, contaminação com outro tipo de material, armazenamento inadequado, frasco inapropriado ou coleta em região inadequada para o exame solicitado.

IMPORTANTE

Os medicamentos utilizados pelo paciente podem interferir significativamente nos resultados dos exames laboratoriais, em razão de alterações que ocorrem *in vivo* (causando interferências biológicas) e *in vitro* (que impactam nos resultados por causa da reação de medicamentos com os reagentes utilizados nos exames). No entanto, não são necessariamente critérios para a rejeição das amostras, mas devem ser listados na ficha de cadastro do paciente e considerados para a liberação dos laudos.

ARREMATANDO AS IDEIAS

A última etapa da fase pré-analítica é o preparo da amostra para a fase analítica, ou seja, para o exame ser propriamente realizado. Após o material biológico ser corretamente coletado, é necessário que se realize o seu preparo a partir de centrifugação, separação, aliquotagem e, algumas vezes, transferência física do material.

Os cuidados técnicos com esses processos se fazem importante para a qualidade dos resultados laboratoriais. O material deve ser coletado de maneira correta, em frascos adequados, com os aditivos preconizados.

As padronizações adotadas pelos laboratórios devem ser periodicamente revisadas e adequadas conforme as orientações dos fabricantes de reagentes e aparelhos, além de estarem em consonância com as legislações e normas vigentes.

Vale lembrar que, quando os ensaios precisam ser realizados em lugares afastados do local de coleta, o transporte e armazenamento das amostras são variáveis a serem consideradas, pois podem afetar a viabilidade dos componentes da amostra.

Referências

AGÊNCIA NACIONAL DE VIGILÂNCIA SANITÁRIA (ANVISA). **Segurança do paciente em serviços de saúde**: limpeza e desinfecção de superfícies. Brasília: Anvisa, 2010.

AIRES, Caio Augusto Martins *et al.* Biossegurança em transporte de material biológico no âmbito nacional: um guia breve. **Revista Pan-Amazônica de Saúde**, Ananindeua, v. 6, n. 2, p. 73-81, jun. 2015.

ANDRIOLO, Adagmar *et al.* (coord.). **Diretriz para a gestão e garantia da qualidade de testes laboratoriais remotos (TLR) da Sociedade Brasileira de Patologia Clínica/Medicina Laboratorial (SBPC/ML)**. Barueri: Manole, 2012.

ASSOCIAÇÃO BRASILEIRA DE NORMAS TÉCNICAS (ABNT). NBR 15.268 – Laboratório clínico: requisitos e recomendações para o exame de urina. **ABNT**, 31 out. 2005.

BARCELOS, Luiz Fernando; AQUINO, Jerolino Lopes (eds.). **Tratado de análises clínicas**. São Paulo: Atheneu, 2018. *E-book*.

BERGER, Darlene. A brief history of medical diagnosis and the birth of the clinical laboratory – part 1: ancient times through the 19th century. **Medical Laboratory Observer**, v. 31, n. 7, 1999. Disponível em: https://www.academia.dk/Blog/wp-content/uploads/KlinLab-Hist/LabHistory1.pdf. Acesso em: 20 out. 2023.

BRASIL. Agência Nacional de Vigilância Sanitária. **Gerenciamento dos resíduos de serviços de saúde**. Brasília: Editora Anvisa, 2006.

BRASIL. Agência Nacional de Vigilância Sanitária. Resolução da Diretoria Colegiada n. 50, de 21 de fevereiro de 2002. Dispõe sobre o Regulamento Técnico para planejamento, programação, elaboração e avaliação de projetos físicos de estabelecimentos assistenciais de saúde. **Diário Oficial da União**, Brasília, DF, 20 de março de 2002.

BRASIL. Agência Nacional de Vigilância Sanitária. Resolução da Diretoria Colegiada n. 222, de 28 de março de 2018. Regulamenta as Boas Práticas de

Gerenciamento dos Resíduos de Serviços de Saúde e dá outras providências. **Diário Oficial da União**, Brasília, DF, 29 de março de 2018.

BRASIL. Agência Nacional de Vigilância Sanitária. Resolução da Diretoria Colegiada n. 302, de 13 de outubro de 2005. Dispõe sobre Regulamento Técnico para funcionamento de Laboratórios Clínicos. **Diário Oficial da União**, Brasília, DF, 14 de outubro de 2005a.

BRASIL. Agência Nacional de Vigilância Sanitária. Resolução da Diretoria Colegiada n. 786, de 5 de maio de 2023. Dispõe sobre os requisitos técnico-sanitários para o funcionamento de Laboratórios Clínicos, de Laboratórios de Anatomia Patológica e de outros Serviços que executam as atividades relacionadas aos Exames de Análises Clínicas (EAC) e dá outras providências. **Diário Oficial da União**, Brasília, DF, 10 de maio de 2023.

BRASIL. Ministério do Trabalho e Emprego. Portaria n. 485, de 11 de novembro de 2005. Aprova a Norma Regulamentadora nº 32 (Segurança e Saúde no Trabalho em Estabelecimentos de Saúde). **Diário Oficial da União**, Brasília, DF, 16 de novembro de 2005b.

BRASIL ESCOLA. Luz. **Brasil Escola**, [*s. d.*]a. Disponível em: https://brasilescola.uol.com.br/fisica/luz.htm. Acesso em: 24 jan. 2024.

BRASIL ESCOLA. Microscópio. **Brasil Escola**, [*s. d.*]b. Disponível em: https://monografias.brasilescola.uol.com.br/medicina/microscopio.htm#:~:text=O%20microsc%C3%B3pio%20%C3%A9%20um%20instrumento,imagem%20do%20objeto%20ampliam%2Dna. Acesso em: 20 out. 2023.

CAMPANA, Gustavo Aguiar; OPLUSTIL, Carmen Paz. Conceitos de automação na medicina laboratorial: revisão de literatura. **Jornal Brasileiro de Patologia e Medicina Laboratorial**, v. 47, n. 2, 2011.

CORRÊA, José Abol. **Garantia da qualidade no laboratório clínico**. 7. ed. Rio de Janeiro: Programa Nacional de Controle de Qualidade, 2019.

D'ONOFRIO, Giuseppe. Full-field hemocytometry. Forty years of progress seen through Clinical and Laboratory Hematology and the International Journal of

Laboratory Hematology. **International Journal of Laboratory Hematology**, v. 43, Suppl 1, p. 7-14, 2021.

FERREIRA, Cláudia Natália *et al*. O novo modelo da cascata de coagulação baseado nas superfícies celulares e suas implicações. **Revista Brasileira de Hematologia e Hemoterapia**, São Paulo, v. 32, n. 5, p. 416-421, 2010.

FLEURY. Coagulação, anticoagulação e fibrinólise. **Fleury**, [s. d.]. Disponível em: https://www.fleury.com.br/medico/manuais-diagnosticos/hematologia-manual/coagulacao-fibrinolise. Acesso em: 8 dez. 2023.

GOVERNO DO ESTADO DE SÃO PAULO – FUNDAÇÃO PRÓ-SANGUE (FPS). O que é o sangue. **Fundação Pró-Sangue**, [s. d.]. Disponível em: http://www.saude.sp.gov.br/fundacao-pro-sangue/doacao-de-sangue/o-que-e-o-sangue#:~:text=O%20sangue%20%C3%A9%20um%20tecido%20vivo%20que%20circula%20pelo%20corpo,90%25)%2C%20prote%C3%ADnas%20e%-20sais. Acesso em: 20 out. 2023.

KASVI. Centrífugas: princípios básicos da técnica de centrifugação. **Kasvi**, [s. d.]. Disponível em: https://kasvi.com.br/centrifugas-principios-basicos-da-tecnica-de-centrifugacao/. Acesso em: 20 out. 2023.

KASVI. Página inicial. **Kasvi**, [s. d.]. Disponível em: https://www.kasvi.com.br. Acesso em: 20 out. 2023.

KASVI. Sistema de tubos de coleta e interferentes na análise de sangue. **Kasvi**, [s. d.]. Disponível: https://kasvi.com.br/tubos-de-coleta-interferentes-sangue/. Acesso em: 1 dez. 2023.

KNEIP FLEURY, Marcos. **Manual de coleta em laboratório clínico**. 3. ed. Rio de Janeiro: PNCQ, 2019. Disponível em: https://pncq.org.br/uploads/2019/PNCQ-Manual_de_Coleta_2019-Web-24_04_19.pdf. Acesso em: 8 dez. 2023.

KNEIP FLEURY, Marcos. **Manual de coleta em laboratório clínico**. 4. ed. Rio de Janeiro: PNCQ, 2023. Disponível em: https://pncq.org.br/wp-content/uploads/2023/06/Manual-de-Coleta_pagina-final-16-06-23.pdf. Acesso em: 20 out. 2023.

MOODLEY, Nareshni *et al*. Historical perspectives in clinical pathology: a history of glucose measurement. **Journal of Clinical Pathology**, v. 68, n. 4, p. 258-264, 2015.

NEUFELD, Paulo Murillo. A história do exame de urina: Idade moderna. **Revista Brasileira de Análises Clínicas**, v. 54, n. 3, p. 209-211, 2022.

NL DIAGNÓSTICA. Coproplus Ultra. **NL Diagnóstica**, [*s. d.*]. Disponível em: https://www.nldiagnostica.com.br/n/coproplus-ultra/. Acesso em: 19 jan. 2024.

ROBINSON, Angela Tomei. Pathology: the beginnings of laboratory medicine: first in a series. **Laboratory Medicine**, v 52, n. 4, p. e66–e82, 2021. Disponível em: https://academic.oup.com/labmed/article/52/4/e66/6160465. Acesso em: 20 out. 2023.

ROCHA, Arnaldo (org.). **Biodiagnósticos**: fundamentos e técnicas laboratoriais. São Paulo: Rideel, 2014. *E-book*.

SOCIEDADE BRASILEIRA DE PATOLOGIA CLÍNICA/MEDICINA LABORATORIAL (SBPC/ML). **Gestão da fase pré-analítica**: recomendações da Sociedade Brasileira de Patologia Clínica/Medicina Laboratorial. Rio de Janeiro: SBPC/ML, 2010. Disponível em: https://www.bibliotecasbpc.org.br/pags/view.archive.php?ID=2063&PATH=pdf. Acesso em: 20 out. 2023.

SOCIEDADE BRASILEIRA DE PATOLOGIA CLÍNICA/MEDICINA LABORATORIAL (SBPC/ML). **Recomendações da Sociedade Brasileira de Patologia Clínica/Medicina Laboratorial (SBPC/ML)**: boas práticas em laboratório clínico. Barueri: Manole, 2020.

SOCIEDADE BRASILEIRA DE PATOLOGIA CLÍNICA/MEDICINA LABORATORIAL (SBPC/ML). **Recomendações da Sociedade Brasileira de Patologia Clínica/Medicina Laboratorial (SBPC/ML)**: coleta e preparo da amostra biológica. Barueri: Manole, 2014.

SOCIEDADE BRASILEIRA DE PATOLOGIA CLÍNICA/MEDICINA LABORATORIAL (SBPC/ML). **Recomendações da Sociedade Brasileira de Patologia Clínica/Medicina Laboratorial (SBPC/ML)**: fatores pré-analíticos e interferentes em ensaios laboratoriais. Barueri: Manole, 2018.

SOCIEDADE BRASILEIRA DE PATOLOGIA CLÍNICA/MEDICINA LABORATORIAL (SBPC/ML). **Recomendações da Sociedade Brasileira de Patologia Clínica/Medicina Laboratorial (SBPC/ML)**: realização de exames em urina. Barueri: Manole, 2017.

UNIVERSIDADE FEDERAL DO RIO GRANDE DO SUL (UFRGS). Microscopia. **UFRGS**, [*s. d.*]. Disponível em: https://www.ufrgs.br/aulaspraticasdemip/?page_id=74U. Acesso em: 20 out. 2023.

VEIGA JR., Valdir Florêncio da; WIEDEMANN, Larissa Silveira Moreira; MORAES, Roseane de Paula Gomes. **Práticas de laboratório de pesquisa em química de produtos naturais**. Rio de Janeiro: Interciência, 2020. *E-book*.

WORLD HEALTH ORGANIZATION (WHO). **WHO laboratory manual for the examination and processing of human semen**. 6. ed. WHO, 2021. Disponível em: https://iris.who.int/bitstream/handle/10665/343208/9789240030787-eng.pdf?sequence=1. Acesso em: 29 nov. 2023.